日本造园古籍丛刊 01

何晓静——著

山水并野形图研究

浙江古籍出版社

东亚造园古籍的系谱

郑巨欣

1983年,飞田范夫在日本著名的《造园杂志》上发表了一篇题为"造园古籍的系谱"的文章。根据这篇文章的统计,截至江户时代日本传世的造园古籍有30种之多。其中,最古老的是《作庭记》;在《山水并野形图》之后的《嵯峨流庭古法秘传之书》有许多异本,对江户时代的造园书籍产生了深刻影响;与此同时,江户时代还有持不同学说的《筑山根元书》等;《筑山庭造传(前后)》的独创性不容忽视。

这不禁让人联想到,早在飞田发表文章的约10年前,即1972年,由加岛书店出版,上原敬二(1889—1981)编纂的《造园古书丛书》(以下简称《丛书》),也曾有过从古籍研究的角度构建造园古籍系谱的意图。然而,上原与飞田的不同之处在于,上原不仅将中国的造园古籍纳入系谱中,还对此进行了特别强调,并侧重于通过这些古籍探讨中日造园在相同源头下的不同发展路径和美学思想。

像这样从整体、系统角度呈现的造园研究成果,自然受到了更高的关注。因此,中国的造园界也注意到了这套《丛书》,但至今尚缺乏专门的评介。为了更加深入了解上原敬二及其解说古代中日造园艺术的方法,重读《丛书》显得尤为重要。

造园可以说是园主和工匠合作的产物，不仅仅是个人经验的体现，更是一种人类思想、技术和空间形式的社会传统。查尔斯·辛格（Charles Singer，1876—1960）在《技术史》（第1卷）中指出，感觉提供给我们的并不是一个真实的世界，而是由各种印象组成的混沌。通过传统语言符号，这个世界变得有序。语言符号需要通过学习来掌握，它们在有序世界中占据的位置远远超过个体经验。换句话说，我们对世界的了解，大部分是通过听说和阅读获得的，这些知识主要来自伙伴、长辈和祖先的口头和书面表达。重读《丛书》的意义或许就在于发现上原是如何将那些散落在古代造园史中的经验、技术和艺术思想变得更加有序和通俗易懂。

在进一步了解《丛书》之前，有必要先了解其编者上原敬二。

上原出生于日本东京深川一个木材商家庭。他的祖上来自丹波绫部，祖父在京都鹰司家分身朽木近江守一族担任藩主的文书。父亲安平不仅经营着木材商本业，还负责管理伏见宫家的造林事务，不时前往伏见宫家的财源林地君津和鬼泪山，监督赤松林的砍伐。母亲出身名门，曾在寺子屋（旧时的乡村学校）担任老师。童年的上原在家族的熏陶下，很早就对园林有了直观的感知。

1904年，上原敬二就读于旧制的东京府立第三中学校（现为东京都立两国高等学校）。在同级生中，有久保田万太郎（1889—1963）；而在二年级下一级的同学中，则有芥川龙之介（1892—1927）。上原从三中毕业后，进入旧制的第一高等学校，1914年毕业于东京帝国大学农学部林学科。毕业后，上原决定从事与林学相关的学术研究，进入东京帝国大学大学院，专攻森林美学、造园学、树木学和建筑学。1915年5月1日，日本内务省发布官方公告，宣布投资兴建大社明治神宫。在恩师本多静六（1866—1952）

的多次劝说下，上原离开了研究室，出任神宫境内林建设的部门负责人。这一经历为他在1920年以神社林学的研究成果获得林学博士学位奠定了基础。

1918年，上原以自己的名字命名，成立了上原造园研究所。1921年，他前往欧美游学，深入了解西方的造园艺术。1923年，关东大地震给东京带来了毁灭性的灾难。第二年，上原借用东京农学校（现为东京农业大学）涩谷常磐松校区的一角，创办了东京高等造园学校。他在《亲眼所见的造园发展史》中写道："东京的大部分地区发生了火灾，庭园、公园、行道树和植被全被烧毁的惨状摆在眼前。如果没有这场灾难带来的强烈打击，恐怕也不会成立造园学校。"此后，上原将自己余下的时间都献给了庭园教育事业，致力于培养优秀的造园师。

东京高等造园学校成立之初，上原自编教材，先后出版了《庭园学概要》（新光社，1923年）、《造园学泛论》（林泉社，1924年）和《都市计划和公园》（林泉社，1924年）。这些著作为初步构建日本的造园学体系发挥了开拓性的作用，上原一生成果丰硕，他的著作多达200种。1942年4月1日，东京高等造园学校并入东京农业大学造园系（现为地理环境科学部造园科学系）。1953年，上原担任东京农业大学教授，1975年退休，并被授予名誉教授称号。1982年起，日本造园学会设立了"上原敬二奖"，用于激励和培养优秀的造园师。

《丛书》共10卷，是上原与加岛书店合作完成的。1965年，第1卷《〈筑山庭造传〉解说》出版；1972年，第10卷《〈园冶〉解说》出版，前后历时8年。10卷中包含14种古籍，其中日本古籍12种，分别是《〈筑山庭造传〉解说》（第1卷前编、第2卷后编)、《〈石组园生八重垣传〉解说》(第3卷)、《〈山水并野形图〉〈作庭记〉解说》(第6卷)、《〈南坊录拔萃〉〈露地听书〉解说》(第7卷)、《〈余景作庭图〉〈嵯峨流庭古法秘传之书〉〈筑山山水传〉〈梦窗流治庭〉解说》(第8卷)、《都林泉名胜图会(抄)》(第9卷)。中国古籍3卷,其中《〈芥子园树石画谱〉解说》(第4卷)和《〈芥子园风景画谱〉解说》(第5卷)源自《芥子园画谱(初集)》,《〈园冶〉解说》(第10卷)则是独立的一卷。

如果按照飞田范夫的统计,日本造园古籍约有30种,那么加上中国的造园古籍,总数一定更多。然而,上原只选择了14种古籍,并认为这些古籍代表了日本造园的历史传统和特征。他相信,只要将这些古籍常奉在座右,便可以通晓日本古代庭园史的主要内容。然而,现代人对古籍的看法并不一致,认为古籍很难直接应用于现代庭园设计,有些内容甚至带有迷信色彩。因此,上原指出阅读古籍时,应结合其刊行的背景,不能简单地厚今薄古,甚至因为带有迷信色彩而完全摒弃。古籍中也有科学成分,新旧之分并不意味着内容的优劣。新与旧的说法更多带有流行的意思,有无学问与是否流行没有直接关系,流行的东西并不代表有学问。尤其是庭园,由于受气候和风土的影响,直接照搬他国的庭园设计往往难以适应本国的生活和审美习惯。各国的庭园材料、结构和表达方式,都是从各自的传统中发展而来的。由此可见,上原选择14种古籍来构建日本的造园系谱,是有其道理的。

收录在《丛书》中的14种古籍,因年代久远,作者和刊行年代多半缺失,有的记载的年代未必是成书的年代,也有不少擅自使用其他书肆的版本出版。部分原本和抄本的作者、年代是已知的,原书的版本多为抄本,个别为刻印本。抄本的书写多为古代草书,普通读者基本没法读懂。《丛书》除将个别影印抄本古籍作为示例以外，正文的文字统一采用铅字活印，因此大大方便了现代人的阅读。文字内容原本有讹、脱、衍、倒等现象，经历代不断校勘，编入《丛书》中的内容是较为可靠的。以下是上原选择解说的14种古籍的基本信息。

第1、2卷《〈筑山庭造传〉解说》。第1卷（前编），初为抄本，现存有刻印本。成书于享保二十年（1735），北村援琴（生卒年不详）撰、藤田重好绘。书中归纳、提炼前人造园秘传的实用方法，涉及43个著名的庭园。第2卷（后编），成书于文政十一年（1828），篱岛轩秋里（？—1830？）图说。内容包括真、行、草三种类型的筑山庭、平庭、茶庭的建造方法，建造工具，手水钵、石灯笼及庭园图示、说明等。版本为东辟堂本。

第3卷《〈石组园生八重垣传〉解说》。初为刻印本，成书于文政十年（1827），篱岛轩秋里撰。书中详细分类并解释了栽植、筑山、飞石的布置方法，甚至对庭石和树木的名称及其含义也进行了记载。版本为河内屋太助本。

第4、5卷《〈芥子园树石画谱〉解说》和《〈芥子园风景画谱〉解说》。由《芥子园画谱（初集）》分卷解说，初为刻印本。王概等编集，成书于康熙十八年（1679）。《〈芥子园树石画谱〉解说》涉及树木、枝叶及诸家画法；《〈芥子园风景画谱〉解说》涉及山石、楼阁、风景及诸家画法。《芥子园画谱》传入日本的时间不详，但有记载称享保九年（1724），由荻生惣七郎（1673—1754）献给德川吉宗（1684—1751）。版本为五车楼翻乾隆本、得一堂刊套印本。

第6卷《〈山水并野形图〉〈作庭记〉解说》。《山水并野形图》,初为抄本,增圆撰,现存版本抄写于文正元年(1466)。内容有五色石、野筋(坡度较缓的土丘或山腰)、石组及树木、池塘、立石名称的图解、说明等,以及书院造邸宅相关的造园方法,但经过多次修改,整体变得更为复杂。版本为小泽圭次郎(1842—1932)题签"皇国最古园方书"本。《作庭记》,著者不明,成书于11世纪末。内容涉及平安或镰仓时代贵族邸宅的庭园、禁忌以及立石、理水、树、泉等造园技术。版本为小泽旧藏旧题"造庭之书"本。

第7卷《〈南坊录拔萃〉〈露地听书〉解说》。《南坊录》,初为抄本,南坊宗启(生卒年不详)整理,成书于大正十二年(1584)年。《南坊录》是日本茶道大师千利休(1522—1591)的弟子南坊宗启记录并整理的千利休言行录秘传书,尽管记录的顺序不固定,但茶仪、茶会、茶庭、茶室的内容非常详细,在日本被誉为茶道圣典。版本为细川开益堂本。《露地听书》,作者、成书年均不详,推测由江户时人编写。这本书详细记录了茶道的相关知识及庭园设计的方法,为后人了解和学习露地的作庭提供了宝贵的资料。版本为日本国立国会图书馆藏本。

第8卷《〈余景作庭图〉〈嵯峨流庭古法秘传之书〉〈筑山山水传〉〈梦窗流治庭〉解说》。《余景作庭图》,初为刻印本,著者不详,菱川师宣(?—1694)绘,成书于延宝八年(1680)。内容以有意味的命题进行绘图,设计出各种庭院,不仅关注传统的石组,还融入了以大海为背景的大胆构思。《嵯峨流庭古法秘传之书》,初为抄本,著者不详,成书于室町时代。内容包括庭园的历史、石头名称及其位置说明,概括为真、行、草三种形式等。《筑山山水传》,又名《相阿弥筑山水传》,初为刻印本,著者不详,约成书于享保八年（1723），是假借相阿弥之名，摘录前代造园秘传书而写成的综述。《梦窗流治庭》，初为刻印本，越一枫（生卒年不详）撰，成书于宽政十一年（1799）。内容主要是托名梦窗疏石（1275—1351），介绍山水役石、御成庭、池掘形、山筑样等露地建造方法。

第9卷《都林泉名胜图会（抄）》。初为刻印本，篱岛轩秋里撰，佐久间草偃、西村中和、奥文鸣源贞章绘，成书于宽政十一年。原书5册，合计220幅图，上原选取其中的部分图，收录在《丛书》里。版本为须原屋善五郎本。

第10卷《园冶》。计成（1579—?）撰，崇祯四年（1631）成书，崇祯七年刊行。第1卷分述园说、相地、立基、屋宇、装折，第2卷栏杆；第3卷门窗，含墙垣、铺地、掇山等。版本为大连右文阁书店本。

以上各卷的内容，均由概述、原文、解说三个主要部分构成，有助于读者整体了解书中内容，保留内容原貌的同时，又便于阅读理解。然而，各卷编排的顺序和组合的方式却颇耐人寻味。例如，分卷的顺序并不是按照年代顺序。《山水并野形图》《作庭记》《嵯峨流庭古法秘传之书》均成书于江户以前，但它们既未被放在一起，又分别被编为第6卷和第8卷。日本以外的中国造园古籍，既没有放在年代的序列中，也没有独立成卷，而是分别被编入第4卷、第5卷和第10卷。这种各卷之间和古籍种类之间的组合，既有揭示古籍背景的逻辑联系之意，又反映出了编者的学术立场和思想观点。

例如，书名相同的《筑山庭造传》第1卷和第2卷，成书时间前后相隔90余年，但它们的内容之间，却形成了直接的互补关系。

享保十二年（1735），北村援琴写了《筑山庭造传》，书成之后流传甚广。受此书影响，东睦和尚在宽政九年（1797）写了《筑山染指录》，两年后，篱岛轩秋里写了《都林泉名胜图会》。然而，篱岛轩秋里并未满足于在纸上谈论造园，而是通过实地调查庭园，进一步深入了解造园的具体细节，并在文政十年（1827）写了《石组园生八重垣传》。文政十二年，篱岛轩秋里有意取同名的《筑山庭造传》，与援琴的《筑山庭造传》形成对比，突显其在援琴不曾涉及的具体造园方法、造园心得以及在名园中应用的庭园全图示例，因而获得了极高的评价。由于上述原因，后世遂将援琴的《筑山庭造传》称作前编，将秋里的《筑山庭造传》称作后编。

将本来无关联的《山水并野形图》和《作庭记》合为第6卷，可以看出上原是有折中考虑的。将《山水并野形图》置于《作庭记》之前，不禁让人产生更多联想。过去人们普遍认为《作庭记》是最古老的庭园书，《山水并野形图》则没有广泛传播。然而，上原认为这两本书的成书年代均在平安时代末至镰仓时代。

在镰仓时代，《作庭记》被称为《前栽秘抄》，直到江户时代的塙保己一（1746—1821）将其收录在《群书类从》中，并以《作庭记》之名流传至今。小泽圭次郎根据《前栽秘抄》及异本《山水抄》中的高阳院修造记，推测《作庭记》的作者是平安时代的橘俊纲（1028—1094）。尽管《作庭记》中提到了平安时代的寝殿造庭园，但书中反复出现的"生得""前栽•遣水""野筋""乞はんに従う（从物请求）"等用语，主要流行于镰仓、室町时代。

与《作庭记》不同，《山水并野形图》虽然涉及书院造邸宅的庭园，但其所描述的山水、野地不受口传不可作、山水当以石木为本等庭池相依的造园主张的限制，不禁让联想到了平安时代早期的中国庭园山水风格。然而，将《山水并野形图》和《作庭记》合为一卷的另一个重要原因，是根据书中出现的造园师姓名，可推测二者有共通的传授系谱。

一般来说，编者在整理古籍时，往往会选择本国古籍进行编辑，而上原编纂的《造园古书丛书》，则是将中国和日本看作为一个整体。事实上，这个视角更加符合日本造园发展的史实。日本与中国的关系始于汉代，到了飞鸟时代，始有百济、新罗人将中国的园池建造技术带到日本。奈良时代的日本出现了中国式山水的庭园，平安时代中期以后，有了寝殿建筑、佛化岛石，并开始确立起由唐风蜕变而成的庭园文化。镰仓时代和室町时代，池岛、枯山水庭园和真、行、草造园观念在日本形成，江户时代的日本庭园形式趋于定型。

汉字传入日本后，日本才开始用文字记录造园经验，所形成的古籍为后世留下了系统的造园方法。庭园是"庭"和"园"的耦合，"造庭"与"造园"有所不同。"造庭"，往往是先有建筑，再考虑植树筑山、掘池造泉；而"造园"则往往是先择地，再有建筑，然后结合筑山、叠石、理水及种植树木花草、布置园路等。日本独特的岛国环境形成了相应的自然观，日本民族特别珍视自然，在自然空间不足的情况下，总是在有限的空间里创造无限，虽然明知这是不可能的，但依然为之。由此，产生了日本小巧而精致、枯寂而玄妙、抽象而深邃的庭园艺术。这种自然观是顺应自然而产生的，不同于欧美的东方美学精神和造园观。

那么，中国的古籍《芥子园画谱》和《园冶》被上原选为造园古籍，是否与选择日本造园古籍的标准一致呢？众所周知，《芥子园画谱》是清朝康熙年间的著名画谱，系统地介绍了中国画入门的基本技法。上原选择《芥子园画谱》，并将其分为树石和风景两卷进行解说，显然不是从绘画的角度，而是从造园的角度出发。换句话说，他是想让绘画成为造园的基础。因为画谱中的画法及树石之间的关系，已经被历代造园者有意无意地运用于造园中，并视作重要表现手法，例如《山水并野形图》《余景作庭图》《都林泉名胜图会》《筑山庭造传》等古籍中的绘画，已经成为造园者的理想选择。因此，将《芥子园画谱》选为造园古籍，意味着绘画可以滋养造园技术，而融入造园的绘画则奠定了造园的美学基石。

相对于《芥子园画谱》，选择《园冶》作为造园古籍似乎更加理所当然。但事实上，日本人最初未必像上原那样考虑问题。中国古代有很多美丽的园林，赞美它们的文章很多，但关于设计、建造技术的文献却很少。《园冶》虽然作为少见的技术书得到重视，但与日本的造园技术书并不相同。日本最初复刻《园冶》时，有两个版本：一个将《园冶》更名为《名园巧式·夺天工》，另一个是《木经全书》。这些更名反映了日本人对《园冶》的看法，然而，上原并非从技术视角选择了《园冶》。由于《园冶》采用骈文的写作手法，尽管词色工丽，却不利于叙事，总体表达的是画家与造园家邀约观者"卧游"的人文情怀。因此，上原认为对中国庭园感兴趣的日本人，可以通过阅读《园冶》培养出欣赏庭园妙趣的能力。

同样，上原在选择日本造园古籍时，也不是单纯指向造园技术，而是从与造园技术相关的方面来契合他的整体观。例如，上原认为作为造园家，必须了解作为其根本的茶道精神，因此在《丛书》中收录了第7卷《〈南坊录拔萃〉〈露地听书〉解说》。《南坊录拔萃》精选了《南坊录》中的茶庭设计方法，如"一宇草庵二铺席，充满了空寂"，而省略了单纯茶道的内容。《露地听书》是茶庭建造方法的文献，书名常被园林造景取名所引用。将《南坊录》和《露地听书》合为一卷，旨在表明两个方面的意图：让造园者在阅读《南坊录》中体会茶的本意，同时遵循《露地听书》中的茶室施工方法。

上原选择《余景作庭图》，是因为他认为造园与风俗的关系非常密切。《余景作庭图》的作者菱川师宣是日本最早的浮世绘师，他表现元禄时代的风俗画，目的并非为了造园。然而，江户、元禄时代的庭园情趣、观赏者的神态等在《余景作庭图》中跃然纸上。师宣生活在江户庶民聚集的地方，未必见过京阪富庶地区的著名庭园，许多庭园画面是他凭想象绘制的，这些画面在庭园写生画中并不常见，从创新角度来说，更具参考价值。

回到文章的开头，我们或许就能理解上原为何将这14种古籍选为最重要的造园古籍——不仅是为了让人们了解日本庭园的历史、传统和艺术特征，更是为了全面展现这一知识体系。上原不仅对每种古籍进行了详细的解说，还将成书时间最晚的《筑山庭造传》置于14卷之首。《筑山庭造传》中描述的造园方法较为成熟，许多内容已成为定论，图文并茂，易于理解和掌握。从学习的角度看，放在第1卷最为适宜，也符合东方人"不以规矩，不能成方圆"的理念。因此，上原独到的《丛书》编纂思想值得称赞。在学术界，著书立说常被视为使命，然而，编纂像《造园古书丛书》这样有思想、有责任意识的丛书却相当不易。上原敬二毕生从事庭园教学、研究和设计，他编纂的这套《丛书》涵盖了造园技术、绘画基础、浮世绘、茶道、茶庭、文学等多方面内容，不仅展示了中国和日本古代庭园的技术、艺术和思想传统，还从整体视角和读者需求出发，进行了合理的分卷编排，体现了他对古代造园学的独特理解。

笔者在此重读《丛书》，并大胆提出一得之见，旨在抛砖引玉，希望能引发更多关注，最终促成《造园古书丛书》在中国的完整出版。

何晓静撰写《〈山水并野形图〉研究》一书的缘起，是因为她遇见了上原敬二编纂的《造园古书丛书》。尤为值得一提的是，《〈山水并野形图〉研究》在上原敬二《〈山水并野形图〉解说》的基础上，又迈出了探索的新步伐，取得了进一步的成果。这一开端相当出色！因此，我特此作序，权且作为引玉之砖，以期引发更多对此领域的关注与探讨。

目 录

引 言　　1
第一章　《山水并野形图》翻译（何晓静　虞雪健 译）　　17
第二章　《山水并野形图》研究　　45
　一、《山水并野形图》的获得与版本流转　　47
　二、《山水并野形图》传承系谱　　50
　三、《山水并野形图》题解　　54
　四、《山水并野形图》内容　　58
　五、《山水并野形图》主体特征　　60
　六、以自然为本的造园观念　　72
　七、造园"风情"论　　74
　余 论　　79
第三章　日本造园古籍的书写与传承　　81
　一、古代日本造园人分类　　81
　二、平安时代后期的贵族和仁和寺流造园　　86
　三、中世的将军与禅僧造园　　91

四、战国时期的茶室庭园和造园家们　　96
　　五、江户时代的造园集团　　99
　　余　论　　108

第四章　宋元渡日僧人的山水庭园营造
　　　　与中世造园影响　　109
　　一、日本中世禅宗庭园研究综述　　109
　　二、兰溪道隆渡日与日本中世禅宗信仰的勃兴　　110
　　三、以建长寺为中心的禅宗庭园的发展　　117
　　四、作为禅宗庭园要义的"境致"营造　　133
　　五、梦窗疏石禅学与造园的师承渊源　　138
　　六、禅宗庭园"境致"营造观念的强化　　142
　　七、从寺院到宅邸的"境致"营造　　144
　　八、禅僧造园的普及：从河原者到善阿弥　　147
　　九、禅僧造园"正统"之说　　152
　　余　论　　155

第五章　日本中世庭园和样与唐样之辨　　157
　　一、关于和样和唐样的研究现状　　157
　　二、和样、唐样的起源和语词辨析　　161
　　三、文献派和样式派之争辩　　167
　　四、"和样"西芳寺石组和"唐样"天龙寺石组　　169
　　余　论　　199

图版目录　　201

引　言

从 11 世纪末平安晚期造园古籍《作庭记》的出现开始，直到 19 世纪江户时代结束，日本至少出现了 30 多种造园书籍。这些书经由寺院以秘传书形式流传，有多种不同手抄本流于民间而对后期造园书籍的写作产生深远影响。但目前仅《作庭记》一部在中国受到较为广泛的关注并得到研究。从文化比较的角度而言，日本造园古籍是中日造园文化交流的产物，同时也是中日造园比较研究最直接和最重要的史料。从对中国造园史自身研究的角度而言，日本造园古籍有助于认识中国造园文化在域外的传播、影响和发展，同时能进一步解释中日造园思想的源流关系。

《作庭记》是日本最早的造园技法书，这本书在镰仓时代被称作《前栽秘抄》，江户时代之后才被称作《作庭记》。该书内容可以简单归纳为有关皇室寝殿庭园的建造方法，包括泉池挖掘、地形构造以及立石结构等。根据现有研究，这本书的编者很可能是藤原赖通之子橘俊纲。他幼年时期在父亲赖通的带领下，经常出入庭园建造现场，对庭园建造有自己的独特体验。后来他长年外出考察，遍览近畿一带的名山胜水，对山水造园之事颇有感悟，在同时期绘画艺术观念的影响下，造园的着眼点和方法都具有很高的艺术性。此外，他在造园中还掺进了当时上流阶层信仰的阴阳五行说。

《作庭记》是我们理解平安时代以及之前年代的寝殿造庭园不可或缺的珍贵资料。京都和奈良附近虽然有庭园遗址，但是很多都是荒废的，或者被改建过，很难找到和《作庭记》之间的联系。但是通过对平泉町毛越寺庭园的池边立石结构和古桥遗迹、观自在王院、白水阿弥陀堂、奈良圆成寺和京都府下的净琉璃寺庭园等考古发掘，发现其配石结构、沙洲、古桥以及建造方式都与《作庭记》十分吻合。由此可知《作庭记》在以平泉町毛越寺为首的寝殿造相关净土式庭园遗迹中，发挥了重大的作用，源头甚至可以追溯到奈良时代前期（图1）。

《山水并野形图》较《作庭记》稍晚，现存版本最后由仁和寺心莲院的信严法印于文正元年（1466）抄写，后被前田纲纪收藏，一直保存至今（图2）。也有人说，这是一卷比《作庭记》还要久远的古代造园秘籍。理由是，卷末造园家传承谱系中出现了十几个僧侣的名字，且排列在平安时代《作庭记》中记录的延圆阿阇梨和橘俊纲的名字之前。但这些名字的真实性还有待考（图3）。

这卷书的内容如同卷首所示，基本是参考了中国汉代著名方士东方朔的主张。从地形上将东西南北分别称为青龙、白虎、朱雀、玄武，且十分重视色彩和方位的关系（图4）。但是该书并非仅介绍阴阳五行说，同时也将这些原理运用于庭园山水的布置中，按照五行喜忌来布置假山流水、种植草木。书中前半段插入了12幅图，展示了各种造园方式，后半部分的内容则与《作庭记》有些相似。

从室町时代（1336—1573）开始，出现了名为"嵯峨流"的造园流派，他们以梦窗疏石为造园始祖，代表作为《嵯峨流庭古法秘

图1 平泉町毛越寺庭园

图2 《山水并野形图》封皮

图3 《山水并野形图》内页谱系

图4 《五岳真形图》

传之书》。京都嵯峨地区有很多梦窗疏石建造的庭园，所以该流派的造园书便以梦窗命名。该书的抄本有很多，其中一些冠以梦窗国师流派等字样，也有直接命名为《庭坪图秘传书》或者《庭秘传书》的。

《嵯峨流庭古法秘传之书》中的《庭坪地形取图》，将地形分割为围棋盘格，在盘格上标注池、山、岛等的位置，在正对面立上守护石，左侧是主人岛，右侧是客人岛，池中是中岛。这样一来，日本庭园中的"真行草"[1]就初具雏形了（图5）。就算没有池和山，只有石，也依然可以参照正格图来进行设计。该书内容上与《作庭记》也有很多相似之处。在树木种植方面，又有很多与《山水并野形图》相似。在该书的最后，有"唯河原者所告知五六个石名，按照这些情况在田舍作了布置。尽管连山水景观的样子都没有教给我，但我从中明白山水的构造既没有固定的方法也没有明确的规则。于是在面对庭园、竖石、植木时，评判讨论善恶"的记载。作者还发表了自己观看庭园后"一如山水之样"的心得。该书不仅记载营造茶室庭园露地相关事项，还关涉武家、神社、寺院的山水庭园观念。

桃山时代（1573—1603）的造园书《钓雪堂庭图卷》（图6），是为建筑师堀口舍己的收藏，他曾在著作《利休的茶室》中介绍过这本画卷。卷末结束语写道："右之一卷矶部甫元以所持之图写之，口传来戴焉毕，尤可为证处者也，于时享保十六亥历，季春日钓雪堂。"表明了这本画卷本来由矶部甫元所藏，后来在享保十六年（1731）由钓雪堂誊写。从画卷内容上看，卷首对7个条目进行解

---

[1] "真行草"：指花道、庭园等方面的三种格调形式。"真"为正格或基本型，"草"为其变化的优雅型，"行"介于"真"和"草"之间。

图5 "真行草"园林图

图6 《钓雪堂庭图卷》局部

说,然后是庭园的图解,这部分内容偏多,是该画卷的一大特色。7个条目分别为:

——庭园者,摹天竺灵鹫山而成,以佛菩萨之名,立种种石者,此即庭作之法也。唯当流中不须其奥秘所用之石,方可解其意。

——先立守护石,然后习得庭之景致。

——三神守护石仅限于立石,立此石有秘事,折形需供奉,口传之。

——二神石不可竖亦不可横,其所用石材,图中可知其故。

——竖石不可相同而列,□与□则为忌。

——手水处之水门,宜有所习。但水分石、水门石必当确立,切勿略去。后更有水隔石之习,而水门石为竖石也,后方有印记待之。

——总之,石之取用,如山石、礁石、海石,皆应细心思虑,以适景观,有口传。

四竖五横(九字)真之庭(竖石不用,不立不卧)之事,有口传。

正图乃此,副石不,苦也。

元禄年间(1688—1704)的《诸国茶庭名迹图会》(图7),算不上是秘本书籍,卷首题有"宗匠名人之露地庭之事"。后面写道:"露地"指的就是"通往茶室庭园的小道",也即在进入庭园大门之前,或者在相约碰头的道路两旁栽种树木、创造景观。后来这种露地庭园被移用到了书院庭园之中。如在书院两旁构筑山水之景,大小规模因书院本身的规模而定。可以说,露地庭园与一般的山水庭园在功能和营造手法上都有很大的不同。书中还列举了布落、系

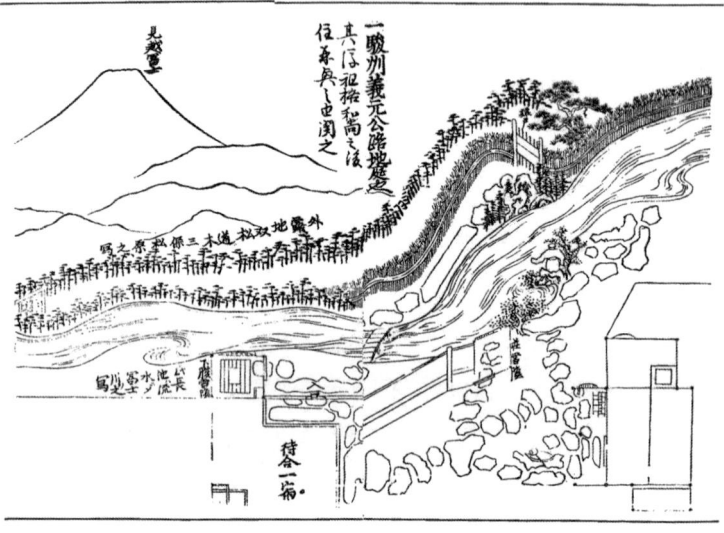

图7 《诸国茶庭名迹图会》局部

落、广落、天落等几种瀑布流水方式，也介绍了青苔石、寿命石、富贵石等各种石头。最后规诫造园者不能立三种石头——病石、死石、贫石。另外，这本书从造园手法的"九山八海"和"三屿一连"说起，列举了须弥山说和神仙说，从宏观到微观，从概括到具体，进行了详细的阐述。还介绍了"立石的方法"和"露地的地面铺设方法"等。

约成书于享保八年（1723）的《筑山山水传》被普遍认为是《筑山庭造传》的原本。如其名，该书主要讲筑山和庭园山水之事。书中列举出了池庭的各种样式——大海形、大川形、山河形、枯水形、沼形、池川形、草平形等。"枯水形"被描述为"以低矮假山和庭园道路为基础的、极具风情的"一种设计样式。作者没有直接解释枯山水的含义，而是通过插图的方式，向读者讲述其形态。书中用三幅图展示了"枯水之庭"，并进行了如下阐释：

第一幅图是："枯水之庭，水为白沙所填满，以平木铺开。"

第二幅图是："作庭以木而成。少斗平石以填。"

第三幅图是："作庭无草木，仅数斗小石。如龙安寺之庭，以白色的沙子遣石，类唐国径山寺之样。是虎之子作品，亦称平砂。"

第一幅图的左上方写着"这是四立五横的结构"。"四立五横"指的是立起四块石头，横放五块石头。这种结构在室町时代以后的枯山水中非常常见。第二幅图的右方有一些小的草木，左方第三幅图展示的是白砂中间立石结构的景色。

享保二十年（1735）的《筑山庭造传（前编）》则内容丰富且翔实得多。卷首序文中写到该书是北村援琴所作，属于江户时代中期的作品。书的开头是目录，然后是"山水的营造方式"。该书与以往的秘传书相较，最大特点在于它没有将论述停留在阴阳吉庆、用佛陀和菩萨的名字给真山水命名、表现西方净土九品曼陀罗形式的问题上，而是通过实地经验，将庭园石头和树木的处理方法传授给读者。以实际经验为基础，又借鉴了《月令广义》等中国植树相关书籍。并涉及茶室庭园的相关内容，提到了"茶人的庭园应该被建造得看起来十分自然"。还有条目"石灯笼置样之事""露地门生入柱之事""建筑施工差别之事""扣土式样传之事""垣之事、同心得之事""钵请数之事"等等。在书的最后，作者说这些都是参考茶室庭园建造方法的相关书籍得出的结论，比如《露地听书》《南坊录》《源流茶话》《茶话指月集》《茶道便蒙抄》等。

《筑山庭造传（后编）》文政十一年（1828）出版，由篱岛轩秋里写成，与北村援琴的《筑山庭造传》同名，但时间上相差近一百年。篱岛轩秋里曾因《都林泉名胜图会》而为人所知。《筑山庭造传（后编）》发行后大受欢迎，销量一度超过了北村援琴的著作。

《石组园生八重垣传》也是由篱岛轩秋里所写的，发行于文政十年，由上下两卷组成。书中介绍了庭园的各种设施，并用图绘对桥、门、扉、井、石头墙、飞石、洗手盆、石灯笼等设施进行了解释。对庭园爱好者以及造园者来说，极具参考价值。如序言中提到的那样，从这本书中不仅可以了解庭园相关设施，对于了解江户时代末期庭园相关事情也极具价值。首先是关于篱笆的内容，作者列举了八重垣、茶筅垣[1]、高麓垣、铁炮垣、建仁寺垣等不同类型的篱笆。然后介绍了各种类型的桥，分别有伺桥、小羽板桥、笠桥、八桥、柴太桥、真石桥、寄严桥、严海桥等。再是介绍了各种门，

---

[1] 茶筅垣：形状类似茶筅。茶筅是点沏抹茶时，使起泡沫或搅和用的竹制器具。

包括真大木门、行木门、宣门、切通门、枯木门、利休木门等，最后介绍了各种类型的井，包括大庭井、组井、清溪的水平盆等。

书中关于立石作法则以《五行石图与口传》《五行石二接十体之传》《三组八相之卷》《极秘》《真之石接口传之事》《五次接三才之厚奥传等图》为例——进行了介绍，还用《伽蓝石》《数寄屋庭刀悬石之图》《飞石沓脱五组之图》《沓脱石之组合方式》《叠石传之图》介绍飞石和叠石。后用《枣形手水钵饰石之图》《蹲踞手水钵之图》《筅之手水钵图》来介绍灯笼与前石。最后还附上了与《筑山庭造传（后卷）》同类型的假山、平庭石组全景图，并用假山和平庭的传歌来结束了全书。

日本造园古籍的谱系从《作庭记》到《筑山庭造传》，再到后续相关书籍，可以说完成了一套时间脉络清晰的造园手法记载，构建出日本庭园发展的整体特征。对造园古籍谱系化的梳理，不仅构成了园林个案研究以及断代理论研究的语境，更能以此为基点，将造园史研究往前推衍至没有专门文字梳理的年代，通过语词沉淀的特征，在零散的文字记录中掌握历史发展的趋势。

关于中国早期造园观念促使日本净土庭园样式的形成观点，研究者们达成了共识。中国造园手法成为奈良时期日本庭园的规范，尤其在择地、方位的选定和禁忌等方面给予日本造园以重要参照。20世纪80年代以来日本的考古发掘和调查显示，日本庭园早在奈良时代就运用水、石以及植物等摹仿真山水，模仿作为名山代表的江西庐山以及理水典范的杭州西湖。[1]

日本造园古籍中列举园林做法时常常称其为"唐人之作"。"唐

---

[1] 上原敬二『造園古書叢書（1～10）』、加島書店、1972年。

人"是当时日本对中国人的一种整体称谓，不仅限于唐朝时期的人。根据《作庭记》的书写时间，此时的"唐人"已经是宋时之人了。这段时期，中日文化的交流不论是官方还是民间都很密切，学者们指出二者是一个整体的两个部分："日本从隋唐时代直接输入中国文化以后，历宋、元、明、清，凡是中国的学术文化、技艺风俗，或迟或早，没有不复演出现于扶桑三岛的。所以日本文化学术实际上是中国文化学术的延长。"[1]《作庭记》记载和总结了从奈良时代造园基础上成熟和发展起来的平安时代造园技术，但在本质上，《作庭记》造园技术总结和反映的是在唐宋文化影响下的日本造园发展前半阶段的内容，是其数百年吸收、积累与发展的产物。

进入中世（1184—1572）之后，日本造园在宋元文化尤其是宋元禅宗文化的影响下，展开了另一番发展，并呈现出新的面貌，影响持续至日本近世，成为日本造园史后半阶段的核心和主要内容。此时的造园古籍有《嵯峨流庭古法秘传之书》（抄本，1395年）、《山水并野形图》（抄本，1466年）、《秘本作庭传》（抄本，1496年）等，这些书是以秘本的形式通过僧侣间的记录传抄流传，在造园手法上极少有突破和改变。

造园古籍的记载中阐明了日本传统园林中极具特色的"真行草"模式此时初具雏形。虽未直言与中国造园技术的直接关系，但在历史上，当时中日僧人之间的往来非常频繁，包括中国的赴日僧侣和日本的入宋僧、入元僧等。在赴日僧侣中，兰溪道隆（1213—1278）发挥的作用尤为突出。1246年，33岁的兰溪道隆率弟子赴

---

[1] 梁容若：《中日文化交流史论》，商务印书馆，1985年，第119页。

日传道，为中国禅僧游化日本之始。[1]由于兰溪的到来，日本出现了前所未有的立巨石构建庭园景观的尝试。中国式叠山的特点是雄厚高大、凝重险峻、豪健粗放，使用大量高大险峻之石进行造景。被称为日本泷石组发源的天龙寺、金阁寺瀑布都具有上述特点，两者都是受中国画影响而产生的典型，均传为兰溪助力所作，为典型的北宗山水画结构。[2]

同时，一些造园手法还借用了南宋山水画的意境。南宋的绘画作品被日本禅寺及将军家竞相收藏，其中最为著名的是牧溪。以牧溪为代表的僧人画家在日本被称为禅余画家。据悉，室町将军足利义政藏画279幅，其中牧溪的达130幅，居首位，其次是梁楷、马远等。牧溪的代表作《潇湘八景图》，以八景为题名成为园林题名的参照。另一位被推崇的禅僧是宋末元初的画家若芬。其在苍崖上造茅屋，门上匾额题"玉涧"，因此，他的画风被日本人称为"玉涧样"。日本古代造园家也把玉涧的画风用在造园上，称为"玉涧流"。这种风格的特点是，在两个假山中间设瀑布，瀑布之上架高桥。假山高耸而山谷幽深，瀑布叠石则刚劲有力，假山上部置有多个石组，整个构造豪华奔放。

中世晚期，日本园林开始进入全面内化的阶段，形成自己独特的造园特色——茶庭。茶庭营造的记载主要存在于有关茶艺的书籍中，如《古今茶道全书》（第5卷）、《梦窗流治庭》和《露地听书》等，庭园的营造围绕着茶庭展开。

江户时代以来，造园书的大量出现表明了造园活动的兴盛，书中也可见此时造园手法较前代的不同。各种造园思想和做法层出不

---

[1] 刘庭风：《中日古典园林比较》，天津大学出版社，2003年，第144页。
[2] 大山平四郎『日本庭園史新論』、平凡社、1987年。

穷，如开始有了对日本本土生态环境的思考、"海"的观念，以及海与陆地的关系问题，这是在中国园林营造中极少出现的观想对象，另外对禅宗思想的深化也影响了日本的造园观念。

明末造园家计成的造园书《园冶》在江户晚期传到日本。该书不仅结构完整，内容丰富，在做法的描述上甚至可以直接参照使用，在日本造园群体中获得广泛重视，但是当时的日本本土造园书籍却极少对《园冶》中的做法进行参照，仅在缩景和借景这些特定的取景手法上有些许借鉴，如对园林中的景物题名。可以说，从古代直至后世，日本庭园以朴素的形式继承着中国早期的园林元素。

第一章 《山水并野形图》翻译

何晓静 虞雪健 译

1. 东方朔居所之记图，略述其要。庭中欲构原、山、峰、瀑、河，宜以石木为本。故先须明石之五色相克相生之理。野筋[1]几皆为山。左右当筑两山，阳山须高，阴山宜低。面向居所之右筑阴山，左筑阳山。若欲设落水，须视地形布局。盖山、水、石，如鼎之三足，一不可缺。

2. 立石须识石之五色，善用相克相生之理。相克者，木克土，土克水，水克火，火克金，金克木是也。当以此勘之。木姓之人青，不宜常面向黄石，盖木克土也。土姓之人其色黄，不宜立于常见黑石处，盖土克水也。水姓之人其色黑，不宜立于常见赤石处，盖水克火也。火姓之人其色赤，不宜立于常见白石处，盖火克金也。金姓之人其色白，不宜常面向青石，盖金克木也。若立青石，不宜近合姓石。

所谓相生，木生火，火生土，土生金，金生水，水生木。木姓之人，宜立赤石。此虽为相生之道，然五色之中，忌用赤石。火姓之人，常见之处宜立黄石。土姓之人，宜立白石。金姓之人，立黑石观之为吉。水姓之人，常见之处宜立青石。相生之理，如是而已。

又有相加之说，南立赤石，向之植南天竺，火姓之人见之，必有大凶。盖谓四火聚则生火难也。东立青石，木姓之人观之，此为相加。庭中立黄石，土姓之人不可观焉。西方立白石，金姓之人观

---

[1] 野筋：平安时代的一种庭园用语，指通过较低的堆土制造的起伏缓和的小丘，也用于形容筑山（人工山丘）底部较平缓的区域。这种设计体现了宫廷贵族的偏好，旨在将野外的宁静景致引入庭园之中。作为前景植物，常见的选择包括桔梗、女郎花、野菊等野生植物。《作庭记》将其列为一种枯山水风格，提及了利用野筋安置石头的布局方式。然而，室町时代的庭园秘传书《山水并野形图》中则有所不同，它强调野筋应仅呈现山的自然风貌，不刻意竖立石头，而是通过种植树木和草本植物来展现野山的魅力，这反映了不同时代在感官体验上的细微差异。（村冈正《世界大百科事典》）

之必不祥。北立黑石，水姓之人观之，亦不吉也。

又，泷、河之事，左青龙，右白虎，故宅宜南向。泷宜自丑寅方落下，亦可向未申方[1]落下。神王水亦可自戌亥方[2]落下。

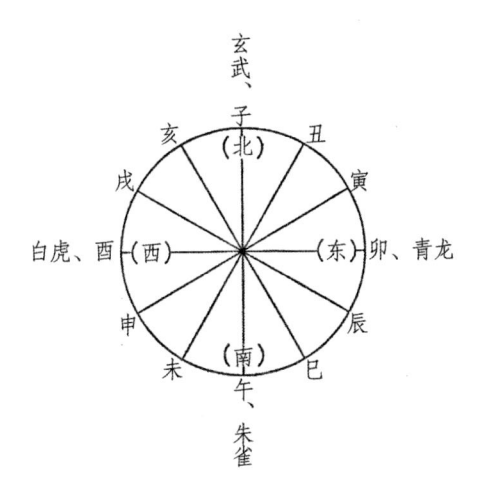

```
         玄
         武
         、
     亥   子   丑
         (北)
    戌             寅

白虎、西 (西)    (东) 卯、青龙

    申             辰
         (南)
     未   午   巳
         、
         朱
         雀
```

又，神王（水）乃诸宇贺神[3]之水，尤指弁才天之智水。又，戌亥方立神王石，应立其顶为截面之石，忌布于足下，若低于套廊[4]，则不可立。不可自辰巳方[5]引泷川。逆水者，谓逆流之水。若逆异而流，是谓此方向之水。凡依地形，不可违逆引大河之水，是谓疰水。

又，至野山取石，当心系横、斜、径三点而取之。横者，其顶截面平整而横卧之石也。假令此亦可为径。此三种石各取百三十三，宜仔细挑选。

---

[1] 未申方：西南方。
[2] 戌亥方：西北方。
[3] 宇贺神：是日本中世以降信仰的神，可能出自不明的蛇神或者外来神祇。
[4] 套廊：原文中为"缘侧"，是日式客厅外侧，围绕房屋外部，铺筑长条木地板的走廊。
[5] 辰巳方：东南方。

假令

包括斜石

此外，首先当取之石，有不老石。其顶有截面，回绕四周。此为大石也。石小则无可观之处。以此石为蓬莱山。蓬莱山下有负山之龟，其石曰万劫石，与不老石并立。因其象龟，故选此状之石。立石之时，先立不老、万劫二石，而后方可立其余诸石。

假令

神王石即宇贺神座也

戌亥方向面向辰巳方向而立

此为前方

此亦被称为御座石

不老石

万劫石

3. 立庭石时，应心存横、斜、径三者。此三者，乃天、地、人三才也。首先，三者当立于一处。立天、地、人三才，旁植径木，则成王字。此王字又生玉字，囊括万事，谓之本玉。故古语有云："王玉国五宝中至也。"

如此，若构壶庭，则因如矢壶之故，可除难矣。

此为"一纸万里"之名目。宜广布野筋。又，宜广布之，亦须致小也。

此为"万海一峰"之名目。广海之中，孤峰独立。此为缩景所造之园也。

如此，向深处延伸细长之庭，皆难施作。深处当作留白。

如此作秋之景，可植草花之类。秋野之态，当令草根处隐约可见。

如此，侧边狭长之庭，易于施作，亦颇为悦目。若庭为四方，宜使檐下稍展宽敞。虽图示如此，然应因地制宜，随时变通。须精巧细致，忌粗犷不堪。造庭宜顺应时序，令其深具旨趣。大致如是。

4. 君石悯臣，臣石仰君。庭中之石，首重三者：一曰不老，二曰君石，三曰敬爱石。不老之姿，已于上述，君石则小于不老。臣石与敬爱石，其姿假若此图。

5. 纵万石、余石中，秀石但一石耳。此等吉石，鲜能觅焉。若石形尚可，则立之可也。

庭中宜设一处斜石，亦称连石。须自大石起，依次立之。或称斜石为风雨石，以其状如风吹雨斜也。

6. 曲山有所谓"曲木"之事，盖指山势树形皆曲折狂狷也。曲山之上，宜植歪木。

7. 曲河中有曲石。水流迂曲，狂怪如斯，宜立曲石。

8. 大石于波上，隐约见其形。又有流水长吟，欲归于海。是以水中亦当有狭处，复可显海之浩荡。唯当切记于心。

又有曲木阻道，譬如此者，多植曲木，道隐其中，使人观之，若路无尽。

曲山亦然。大致如此，有若此趣。

9. 取木之时，横、斜、径三者，须悉心体会，方可取之。

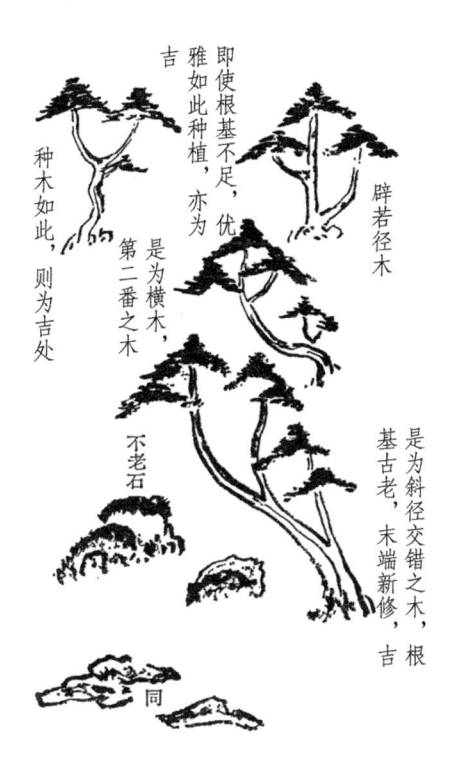

即使根基不足，优雅如此种植，亦为吉

辟若径木

种木如此，则为吉处

是为横木，第二番之木

是为斜径交错之木，根基古老，末端新修，吉

不老石

同

10. 植草木时，当师其本生之地。深山之木宜归庭中之深山，野山之木宜归野山，水滨之草木宜归水滨，海滨之草宜归海滨，如是体认，则植草木不迷矣。是以山水（庭园），乃映写山之象也。凡此皆当以"生本"二字为宗。

11. 梅，或植峰顶，或山中，或里闬，皆可栽植。梅本灵山之物，故宜植于宅北。抑或尚有他意？

12. 有云：石不可背其山中之态。山中本居下者，若于庭中反置于上，谓之逆石，乃所忌也。逆石之际，石灵激怒，为凶兆也。

13. 立石植木，切勿因帷幄之内取悦眼目，而置于主君、幼君常居之所。枯枝败木，不可植也。如是之地，须以祥瑞祝之，于他处布置风致之景。

14. 敬爱石，当取自然一分为二之石，额对额相望而立。

15. 别石不宜立。皆应选相合之石。

16. 有虾蟆石，其形似蛙，不置于显眼之处。神王石宜自戌亥向辰巳方而立。虾蟆石，荒神[1]之障碍神也。

17. 有"万木一见"者，何以谓之？答曰：庭中植木，须一目可尽览无遗。纵有佳木，亦不宜近檐而植，以免掩没他处小树。

---

[1] 荒神：日本民间信仰中，作为地区或厨房之神而祭祀的神格之一。

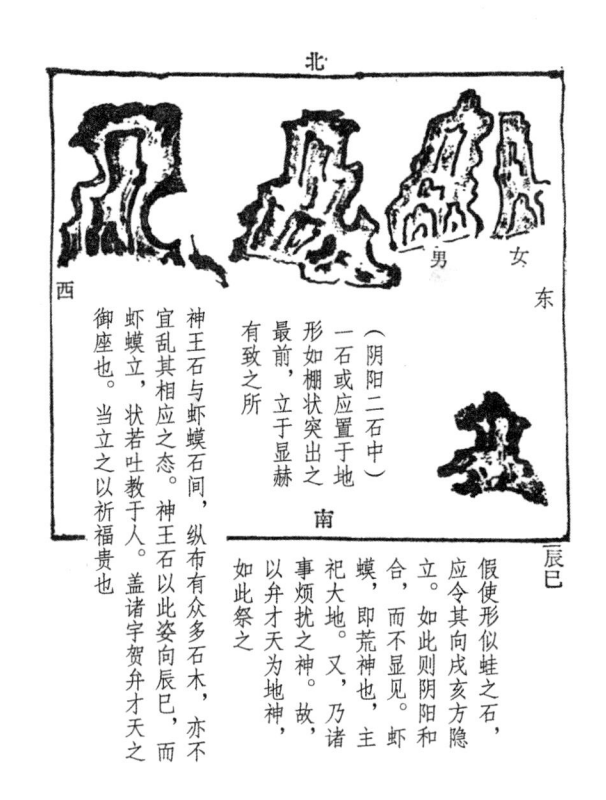

（阴阳二石中）一石或应置于地，形如棚状突出之最前，立于显赫有致之所。

假使形似蛙之石，应令其向戌亥方隐立。如此则阴阳和合，而不显见。故，虾蟆，即荒神也。又，乃诸祀大地。事烦扰之神，主以弁才天为地神，如此祭之。

神王石与虾蟆石间，宜乱其相应之态。神王石以此姿向辰巳，虾蟆立，状若吐教于人。盖诸宇贺弁才天之御座也。当立之以祈福贵也。

18. 凿池之法，其形当仿大海之姿，亦可效河流之势。池勿掘之过深，当视池之大小而定浅深。池周当如药钵状斜削至底。是以纵水少，亦可依其池形留水也。

又，养鱼之池，略深无妨。养鲤之池，宜于池旁别掘小池，以石覆之，防其崩落入池，上敷以土，似矶山状，底不似池，为鱼设栖息之地，其自生息繁衍。鱼出入之途，可置石为径，隐于其间，颇具风情。若于池中设二三如此之处，鱼居甚佳。养鱐之池，无需如养鲤般别设隐池，但在池内二三处稍饰风情，造栖隐之所，鱐自安居。

又，设放鸟之池，亦应如此掘池，鱼得隐蔽，不为鸟捕，亦不外逃，安居池中矣。放鸟之池，矶城易损。宜选石垒置，以添风情，且立无名石，供鸟嬉游。

或有沼池。此池之风情，在于池边无堤，直与地相连。若于矶边植石菖、杜若、常磐木、山吹、杜鹃、藤等，点缀得宜，更显风情，呈沼池之状。布石之法，依风情或隐或显，亦可造无石之态。

又有干潟之式。别无他致风情，仅随潮涨潮落之势。此中不宜立石。潮涨时，以松等显海中风情之姿，以细砂造景。及潮退时，绵延无际，宛如滨山风情，松柏挺立，撒以细砂真砂，略见一二景致风情，无需别致工夫，但凭树木植设与细砂铺设之法，便可显干潟之貌。

19. 海滨勿植石菖、杜若、山吹等。海滨风情，虽今人常用，亦为要事。能领其真趣风情者，甚鲜。宜记心中：山须如山，海应似海，川之流态，亦当自然。

20. "野筋"者，惟野山风情而已。于此不立石，但植木草，以取野山天成之风情。宜使野筋寻常，无需矫饰。

野筋虽如此，犹可立石以添风情。置石疏朗，处处相宜，切忌稠密。若过于朴质，亦大不妥。

21. 庭中若有池，则白鹭等欲食鱼而至，栖于屋檐，亦无须惊惶。若庭无池，却有鸟栖檐，则宜速行祈祷。

22. 山水当以石木为本。凡取石木，须铭记横、斜、径三点。石不宜直指主人所居，枝丫亦不宜指向居所。纵形体有趣、风情颇佳，亦不可如此。

木草向主人处，枝叶重叠伸展，虽具风情，应留意修剪。末枝虽稀，不宜全剪，存枝虽寡，亦有其道理。

23. 立石之时，先为主人立福贵石，与无名石相合，使人不觉。立石时，先掘穴，于袖下结地印、诵真言加持。此乃秘事（口传）。又随山水（庭园）之大小，置米一升于枡中，立名石时，纳于穴中。亦须于人不知之际，掘无名石之穴，渐次置米于其中。盖恐人知名石、无名石之别也。此乃秘事，秘事也（口传）。

纵然主人所好，亦不宜于宅前作洲崎、河流之风情，盖为主人不祥之故也。然须随主人身份高下，而定山水之大小。尊卑失宜，则园庭亦染其气。是以此事至大，须铭记于心。且立山水之石，宜选吉日，从吉方始。

24. 中门外若无车马歇憩之所，则不宜植荻。惟自中门望出之处，方宜种荻。山水（庭园）之内，纵主人所好，亦不应植紫菀、白菊等。盖因其使人常闻愁思也。

又造庭园主人之宅时，若设门，则于门外一丈之地，门之左侧立落火石。若无门，则不立之。此石之风情，上应有截面，四周有缺口，颇具风情。其高出门基石七寸，盖因山中夜间，宾客来游，迎客者持松明而至，于石上落火，故名落火石。松明之火，宜于此石上熄之。此等细节，实为秘事，切不可轻易告之他人。

25. 当人欲近观山水（庭园）时，宜从礼石旁观之。其所以然者，山水中立有三尊石、两界石、明王石及天人居石，恐怕失敬，故自礼石旁，以心愿成就之念，礼拜三世诸佛。尔后可与主人论谈，依瀑而行，随流而观，细察之后，复归礼石侧，慢赏细观。若不明水势与庭序，犹未观园也。倘若不辨名石与无名石，勿跑躅其上，以免践踏名石。若有尊长观山水，纵甚喜爱，亦不可高声喧哗。唯与同辈之人，方可畅言称赞。如是方可谓观山水之正道。

26. 立山水（庭园）之石，起于天竺无热池，其石数八千六百三十一。皆由八大龙王各领千余而立之。其后，此法传至大唐，因国小故，略为三百六十一，立于寻阳之畔。镜山时传至我朝，始定为六十六，继以末代，以不相宜，复略为四十八，择名石而立。故弘法大师云，假令石有诸多名目，然寸尺之图，不可违错。至于无名石，当随山水之势，其数目无须过于拘泥。

27. 总持石，立于池中之石也。其形，上端平整如切，自正面观之，向右倾斜而立。高三尺，依方八町之尺寸。此石为护人之石，乃石中王者。若善立此石，则富贵随之，福祐亦增。因其蕴含不可思议之德，遂别称不思议石，正名为总持石（口传）。

28. 镜石者，乃总持石之源石也。有"友如镜"之名理，是以镜石能磨总持石，以彰其德。故镜石宜立于总持石侧。其形上截面平整，状若人言谈之姿。其立之法，高或一尺三寸二分。余石亦宜效此规（口传）。

29. 成就石，立于堂塔寺坊前。此石之德，若善立之，则主人之所思所愿，悉能成就，故曰成就石。彼石之形，乃径石也，四方无缺，乃蕴含慈爱之石。

30. 礼石，立于成就石之左。其形为径石，高三寸三分。依前例（成就石）可知。

31. 石之名

愿石 立　人形石 立　中障石 卧　水常石 卧

官石 立　连石 立　鸟游石 卧　砌石 卧

右石 立　神王石 立　不老石 立　万劫石 立

君石 立　臣石 立　开石 立　流石 卧

水溜石 立　敬爱石 立　虾蟆石 卧　泷阴石 立

敲石 卧　流波石 卧　水落石 卧　三尊石 立

桥引石 卧　水分石 卧　风雨石 卧　建卧石 立

水通石 立　鸟飞石 卧　鸭居石 卧　鸟居石 卧

两界石 立　明王石 立　眷属石 卧　屏风石 立

待石 卧　水打石 立　品文石 立　鱼游石 立

鹈居石 卧　霞悬石 立　护亭石 立　忌石 立

船隐石 立

32. 应谨守此石之图以立石。但须随山水（庭园）之广狭大小，定石之尺度。上所记图，乃方八町或四丁町内之山水（庭园）也。虽尺寸或有微异，亦须视石之优劣而立之。倘不谙此，则更不可立矣。如此之图，古今皆当遵用。须解古今和歌之风情，取其意蕴，依其方位，次第而置，务显风情。大凡先立大石，依其尺寸，次第立诸石。凡此诸事，皆在一心。苟无常习，必致愚拙。当有口传。

33. 两界石，于落泷近旁池中立一石，于矶上并列一石。所以然者，矶上之石，表金刚界，乃生草木万物之石也。池中之石，象胎藏界，示如来指等本有，身水邪正不二之姿。此石具足表两界大曰如来之五行五色。然其形，上端切平，四方端正，为美石也。或曰高三尺，或曰高二尺。

34. 明王石，此石立于宅主所对壶庭之中。其状似五大明王坐定之姿，中央为不动明王座，高二尺。余石各一尺六寸，依径、横、斜而立之。此等事，宜口传详询之。

35. 木植之法，松可植于山峰野原，概无禁忌。惟须依山水之景，相应而植。尤宜正对祝贺之所。总之，无论坪庭山水，无松则景致难成。盖植松不拘一格，皆存趣味。应有口传。

36. 椿可用于山水（庭园），其地不必拘泥。惟须与松并植，以生风情。凡此皆当以此为准，相应而植。应有口传。

37. 梅，不择山峰、山谷、里闬。然择其方位，则须偏重北方。或二株或三株，必植一良株于北方。其余则须视风情而植。盖梅乃馨香之物，故须依家居风情，植于常迎风处。盖缘梅之芳馥，素为世人所钟爱。应有口传。

38. 樱虽可见于峰山深谷，更宜植于里闬之间。植于深山青山之中，亦甚有趣味。厅堂则当以南向为佳。若于阳山深山木荫处，植樱一二株，则恍若山中别有人家。樱但有木之风情，植之何所，概莫不宜。且按前言，但于庭中植一樱，其余何处植之，皆无不宜。未蒙传授者，纵得二三株，若不于堂前种植，随意而栽，则遭得传授者非议。凡此等事，皆当如是。

39. 柳植于山水（庭园）中，并非常事。惟于岛屿戌亥方可植。非有岛屿，不可植柳。于沼池等山水（庭园）河畔，或有突出之处，可植河柳。此乃大型山水（庭园）布置之法，非寻常风情，不可轻易为之。

40. 藤非有松不可植，然亦雅趣之物，可掩植于桧柏丛中。或于沼池山水（庭园）池畔植之，花开之时，亦甚有趣。

41. 山吹，以植于沼池山水（庭园）为佳。若欲植于寻常山水（庭园），则宜植于垣篱旁。

42. 真弓[1]之中，红叶殊为可爱。此木以野山为宜，然于桧柏丛中植之，亦多雅趣。凡植此树，当以东北方为佳。

43. 踯躅，以野山为宜。然若植踯躅等木时，植于深山灌木处为佳。置于岩隙、池上，亦多雅趣。此木虽宜阴山，亦可植于阳山。

44. 桃虽不甚可喜，然乃祝祷之木。大型山水（庭园）中，可植于荫下，以东方为宜。

45. 柘榴，里闬之木也。于山水（庭园）中，宜植于似里山之处。然柘榴果实繁盛，颇有风情，可于风致之处植之。总之，应植

---

[1] 真弓：落叶树，雌雄异株，红叶与红色果实为其特征。常用其制作弓箭，故名真弓。

于结实之木旁。

46. 梨树，亦非深山之木。宜植于野山、里闬。唐梨之属，尤为可赏。

47. 鸡冠木，当铭记于心：植于庭，吉也。此木多生于深山，近里鲜见。虽如此，亦可相应景况，择地而植。以丑寅方[1]为宜。于堂室前植一株，其余则视风情而植。枫树尤为可赏。

48. 总之，野山之木宜植于庭之野山，深山之木宜植于庭之大山，里闬之木则宜植于庭之村落。此理当铭记于心。

49. 总之，有岛屿之山水（庭园），戌亥宜植柳，丑寅宜植枫，辰巳宜植松，未申宜植杉。虽如此，非必须尽植之。此乃岛屿广阔、山水（庭园）宏大之时所宜耳。如此之事，心中明了，则可随风情而为之矣。

50. 竹宜植于北方，宜依其姿态而植之。

51. 松以落泷之侧为佳，若景致宜人，纵植多株亦有风情。即无落泷，亦可取深山、小丘之风情。于低野、山崖等处，如风情秀美，亦可植多株。以西方为宜，亦可因时而变。

---

[1] 丑寅方：东北方。

52. 槙、杉、桧、樟、椎、桐、榧、柏、交让木、松、山樱等，宜植于深山之中。其下则宜植杜鹃、黄杨、柃、山漆、小篠等，错落而植，下不透风，繁茂有致，观之甚美。然虽如此，上下不可太过繁密，否则无风情可赏。须令疏朗明净，渐次繁盛，如深山风情。非用心体会，则不能臻此境界。

53. 柑橘之属，宜植于（庭内）野山近里之处，稍作一番风情，作檐头篱落之状以植之。枇杷、柑橘、橘柚、栗树之属，但求风情，植而赏玩，皆甚有趣也。

54. 地被以海老根[1]、山葵、百合、琴柱草、兰草等为主，皆取低矮之草而植。务择颇具风情、意蕴深远之草。

55. 白菊、紫菀，依男女之契，有不可思议之缘。若欲生趣，可别置一处而植之，以示人观。或植于篱外，透篱而见，亦为佳境。

56. 凡剪树枝，当以正面为主，须细观树姿。首先，主人所观之庭，其正面若有上下并列同形之枝，此不祥之兆也。无论高低，当剪其中势弱之枝。盖树径直向上者为主干，乃生长之所需，虽直冲霄汉，亦不可断也。横枝须审其形，以生风情。斜枝与径枝，亦当如是。然枝过长者，不宜悉数去之。切勿将新生嫩枝悉数剪去，令其枝干孤露。惟枝叶繁杂冗长，下部枝条密集者，审视全景，方

---

[1] 海老根：一种多年生的兰科植物，以其独特的花形和美丽的花色而闻名。这种植物通常在春季开花，花色多变，可以是紫色、粉红色或白色等。

可修剪。树木修枝，不宜过急，老枝纵有瑕疵，亦不可轻易剪去。

57. 剪树根时，宜用热铁烙其截面，继而研磨松脂与硫黄混合，先以捕鸟用糯米饵涂于截面，上敷前述药剂。凡枝干截面，亦当如此涂敷。植树之际，宜取赤土捏成黏稠，抹于树根。穴中亦须填以此土。若根系繁多，虽不如此施为，亦可栽植。

58. 移树之时，必取其故土，与木同埋于穴，灌之以水，而后踏实其土。大树古木，非如此养护，不能成活。树皮若剥落、干折或枝梢残损，悉应以前述药物，细心调治。当勤于浇灌，设荫蔽日，旦起拭去朝露，清除蛛网，不可有分毫怠慢。此乃植树秘法也。

59. 凡地肥沃处，若欲造山水（庭园），木草枝繁茂者，宜时加修剪。剪口涂以鼠粪、硫黄，复以热铁轻烙，则新芽细小，状若寻常草木矣。若欲使草细嫩，可研鼠粪为粉，时时撒于草上。尤欲石菖之叶细小者，先刈其梢，以布覆之，取鼠粪粉，蘸杨枝梢，边揉搓其切口，边撒粉于布上。新叶萌发，随即以杨枝涂抹，不时摧剥，则叶出必细，此为育植之法也。

60. 凡修剪繁茂粗野之树木，当如前法，取糯米饭、松脂、硫黄涂于切口，复以热铁蘸槟榔粉、甘草粉少许，与糯米饭混合，敷于切口，又覆以松脂，以热铁烙之。

61. 移植根系凋敝之木，或自掘起离土五日至十日之木，须先取前述药物，涂抹枝根及断面，以热铁轻烙之，掘穴栽植，细切蒟蒻后埋于其中，如此，纵然枯槁之木，亦能再焕生机。

62. 为主人立祈愿名石之处，不可疏于修葺，当用心维护。

63. 神王石之所向，若立蟾蜍石，或有蛇自树上堕而不见者。其树根旁，切莫践足。凡事皆须以心，持敬慎之意，营造山水（庭园）亦然。且应倾听他人之才学，勿独自恃聪明。嗟乎，自以为秘事者，纵一时片刻，亦不可为。草木栽植之法，似易实难，知之者千人无一。纵有多卷山水卷轴传世，亦应秘藏一卷于心。石之图、石之立处、草木之栽植，须当再三秘之。恐有八大龙王之祸。非法柽不可轻许，千金莫传。当有口诀。

64. 船隐石，立于池中之石也。譬如，二三石并立、稍连而立，亦有品字形而立一说。石之高低不一，当依其形而立，或高或低皆可。其形若舟首峭立，继而急转而下，当细细思量，令其立意韵味深远。犹如明石浦中岛隐隐，舟行其间之感。此乃秘事之风情也。切记切记！

65. 忌石，此石之形，上有平截之面，乃径石也。纵立之，宜隐于不显之处。近而观之，方见其身。其故何哉？盖（庭）前方漫漫若海，海角多立高石。而忌石又当离此高石而立。立于池之南隅，以象普陀洛迦山之形，故又名观音石。宜立于极远之处。

66. 屏风石，状若屏风而立之石。其大小不定。宜置于落泷之侧，瀑流注入池中之处，水底幽深，岸崖险峻，风情别致。犹如海中孤山，风情万千。其位当在戌亥。

67. 眷属石，乃白沙中小形石也。其立法，不宜过于凸出，当与白沙齐平，稍露沙面，亦无不可。其数不限，或可依品字形而立，亦可加字形而列。须曲尽其趣，依序铺陈，环环相扣。亦宜立于树根旁。

68. 霞悬石，立于峰峦、开石[1]之侧，较开石稍显高出。其形为径石，高于开石约三寸许。须立于池畔之野峰，或山脚延绵之地。盖因池畔常有霞气升腾，于此布石，甚为相宜。当深谙此理，方可布置得当。

69. 三尊石，此石立于瀑布两侧。或如释迦三尊，或如阿弥陀三尊，抑或如不动明王三尊，皆可依其形而立之。中尊高三尺，余者高二尺五寸。勿于多处布置，亦不可立于俗家园林。当随山水之势而立，中尊或可低至一尺。两侧之石，须依中尊而立。切勿粗疏安置。

70. 水通石，此石立于山川流泻之处，恰似水自石隙涓滴而出。其形制不拘一格，惟取石质灵秀，颇具风情者，遂其天然之风情而立之。

71. 鸟居石，此石立于池中东岸，近水分石处。其形上有截

---

[1] 开石：指立于峰顶之石。

面，三石并峙，状如品字。高出水面十二三寸。

72. 龙居石，此石立于南中岛之东隅。布局如加字形。然加字一端宜似龙首，一端宜似龙尾。龙首石高一尺，龙尾石高六寸。此石不甚可取，盖因龙为池之主宰，若布置不当，于园主有损也。

73. 水打石，随水流而置，使流水激石，石似还击流水，不宜近临池畔。其形兼有斜、径之势，取二三石，立于宅前之洲渚，水至石便自然回击。石之高低，随其广狭而异。此等风韵之石，宜审慎立之。

74. 风雨石，此石立于庭中之佳处。其形上有截口，乃斜石也。长石谓之斜石。取四五石，渐降其高，列之有序。先立巨石，高一尺五寸，继之以一尺、八寸、六寸、四寸、二寸，递减其高，依次而立。盖因其状似风吹雨扫，故名风雨石。此石颇具雅趣，立之须用心。

75. 水分石，斜石也。水量增而流势盛时，皆宜立之，以观其流态之美。或曰，立于水注入池中之处，是为水分石。故先立水分石，而后立水落石。

76. 开石，峰上之石也。不拘东西南北，可立于诸峰之巅。其形兼备横、斜、径之姿。观之酷似峰峦，颇具风情。高低随石而定，盖以肖似峰峦之故。宜作峰山，立石于若有人行山道之风情处，当悉心体会而立之。

77. 流石，乃立于池中之石也。宜置于前方。盖流石非水不能显其气韵，所谓"水底石"是也。或有二三峰头，隐现于波涛之上，皆若隐若现之状。于水底纵横交错，立之无定尺寸。但当视石之风情，水之流势，相互映衬而立之。

78. 敬爱石，宜置于丑寅之隅，隐于余石之后，勿令外观可见。此石乃二石相成，其形似男女对坐而谈之风情，一石高一尺，一石高八寸有半。高低当视他石而定。此石最宜俗家山水（庭园）之景。

79. 虾蟆石，自辰巳之方，向戌亥而立，此石亦隐于他石之后。置之处，须自神王石望去，或隐或见。此石状如蛙形，然其尺寸有异。立石之时，需详加思虑，妥为布置。

80. 流波石，此石无定形，但求风情，状若水波荡漾，亦名流分石，乃颇具风情之石。须悉心体会，方可置之得宜。

81. 水落石，此石立于池水流落之处。其形为斜石，高出水面六寸有二分。复有一石，宜没于水中，或可微露水面二三分。

82. 桥引石，立于中岛渡桥两旁栏杆上拟宝珠前。一石上有截面；复有一石，作斜石之状。当自桥上拟宝珠前一尺处而立之。亦可随桥之大小，或退七寸，或退五寸，以相称也。

83. 君石，所处或邻岛崎之侧，或偏于庭右，向戌亥方而立。

此石之形，上不见截面，亦非径石。旁侧稍有风情，宛若人面。其高三尺，但可依山水布局，或二尺，或一尺，随其形制而立。

84. 臣石，立于君石两傍。若唯一石，则置于君石之右。其石之形，上呈截面，若人俯首，向君石奏事之状。其高一尺。此石之高，当依君石之高，定其仪量。立时须显敬君石之仪。

85. 不老石，立于池中之石也。或曰，亦可立于庭中。此石之形，兼有横、斜、径之态。其高二尺有五寸，其下立万劫石。乃风情雅趣之石，当审而立之。

86. 万劫石，负不老石之石也。其形似龟，宜择其顶如圆座者以立之。其寸尺不定，亦当依不老石之形，择肖龟者立之。

87. 神王石，立于戌亥方之石。其形上有截面，前端微隆，三面周正，无一缺损。古籍口传，皆有详述。亦有顶部为径石、前端为斜石者。石之高三尺，然须依山水之势，或立一尺，或八寸，或六寸，或七寸，或三寸而已。此等石皆为大事，选立之处，须深思熟虑。

88. 鸟游石，立于池中岛及庭前矶石间。其形横、斜、径兼备，或略似鸟形，颇具风情。高出水面五寸，斜面宜没于水中。石之数宜取三、四、五，如鸟游嬉风情而列之。犹言此类石，乃山水间最具风情之石也。

89. 连石，此石立于官石之左。其形，上有截面。高六寸二分。然此石之高，亦应依官石而定，宜审慎度量，相对而立之。

90. 官石者，立于成就石之外，稍后而偏于左。此石之形，上有截面，乃斜口石也。其高依主人之氏，或一尺，或六寸，亦有立三寸者。随其样式，视其时宜。因人而立。若立之得宜，当有风情。

91. 水常石，此石立于池中岛岸。宜立于岛之南侧洲崎。此石之形，乃斜石之状。石之大小不定。当依岛形而立之，以生风情。宜立于水流冲击之处。凡此类石，皆宜立之，乃良石也。

92. 中障石，此石如桥柱立于水中。石形不拘。立于水上，与水相去三寸。或云当与桥等高，三寸乃约定俗成之数耳。

93. 人形石，此石立于主人宅邸阶沿之外七寸有五分处。若为大型山水（庭园），方可立此石。（普通规模之庭园）不宜好立之，盖此石乃吉凶同德之石也，或可用以祓除岸上之秽气，不可立于俗家庭园中。此石之形，上有截面，状如两人相向而语。一石高三尺五寸，一石高三尺二寸。切勿仅以好而立之。

94. 柳之树桩可留而赏之，松之树桩则须速掘而弃之。

此书切不可示于外人，可秘之。

系谱

增圆僧正　圆忠僧正　忠海僧正　圆运律师　连觉公

连忠法印　连位僧正　朝位僧正　增正律师　觉辩僧都

觉连僧正　朝意法印　实圆僧正　空贤法师　坚信僧正

延圆阿阇梨（一条摄政伊尹之孙、义怀中纳言子也）　俊纲（宇治殿御子也）　知足院入道殿

法性寺大殿　德大寺法印（静意、京极殿御子也）　琳实（号伊势）

静空（号阿阇梨）　信怀僧都　师秋　师氏　氏安

安信　茂贤　光尊律师　行山法印　家氏

实亲　守家　家安　安行　久隆　敬善

良信公　良意　正意　颂明僧都　龙门和尚（梦窗也）

寻观法印　宗韶（普明国师）　中任和尚　净喜（美马将监）

右造庭之趣，依增悟所望，自中任和尚秘事相承相传书五卷，更无遗余，尽传于心者也。

美马入道

文安五年（1448）正月吉日　净喜判

净华院净立宗也

右一卷，增悟上人相传之。此外之书，以上五卷，同传之。凡口传等，亦传之。此上人，由美马入道净喜传之，血脉如前。

法印信严（花押）

文正元年（1466）七月二十八日

第二章　《山水并野形图》研究

《山水并野形图》是日本继平安时代末期问世的《作庭记》之后的又一部年代久远的造园技术书。该书现存最早的版本是来自日本贵族前田氏[1]的收藏，前田氏于昭和十五年（1940）制作了抄本公开发行。日本造园史家森蕴《平安时代庭园的研究》（1945）、田村刚《作庭记》（1964）、上原敬二《〈作庭记〉〈山水并野形图〉研究》（1974）、久恒秀治《作庭记秘抄》（1981）等著作中都提及了《山水并野形图》，认为它值得如《作庭记》一般进行研究解读。特别是上原敬二在研究中加入了注释，并结合所在时代对造园的理解来解读该书。但也有如日本庭园史研究先驱外山英策，在《室町时代庭园史》（1934）中对《山水并野形图》的书写时间表示了质疑，称其可能并不是镰仓时代所书写的，而是室町时代的伪作，其研究价值也有待证实。研究者们通常会将《山水并野形图》与《作庭记》这两本最古老的造园书进行比较，一致得出的结论是：《作庭记》主要使用平假名，文字流畅、优美，行文体现了作者的文化教养；而《山水并野形图》文字则片假名、平假名相间使用，有很

---

[1] 前田氏是日本的一个武家、华族氏族。在战国时代，尾张前田家的前田利家崛起，到了江户时代，成为加贺藩的藩主，在明治维新后成为华族的侯爵家。

多错字、借用字等，在书籍传播过程中也出现了多处文字欠缺以及重复等现象。

抛开此等种种，《山水并野形图》在很多方面反映了日本造园的思想源头和特征，书中对庭园石组的罗列和阐释，充分表现了那个时代庭园的基本形态及特征。从学术史研究角度来看，这本书不仅体现了日本庭园史发展的最初形态、发展过程中的演变，更可以从中获得关于中日园林文化思想源流的内容。目前，学界对于这本书的研究，尚未如《作庭记》那样取得突破性的进展。本文将从《山水并野形图》的版本、庭园思想、造园手法等角度切入，展开研究，将其同中国园林思想进行比较，管窥中日庭园发展源流。

最为重要的研究成果应该是19、20世纪之交，日本园林研究初始阶段，以小泽圭次郎的《园苑源流考》（1893）为代表，对《山水并野形图》等一批造园古籍进行梳理。而后，森蕴《平安时代庭园的研究》、田村刚《作庭记》、上原敬二《造园古书丛书》，以及重森三玲《日本庭园史大系》，大平山四郎《日本庭园史新论》等都从日本庭园整体发展的角度对《山水并野形图》进行研究，但因都是作为通史的一部分，并未详细展开。

目前关于《山水并野形图》的专门研究包括了日本《造园杂志》中的少量论文，比如木村三郎《〈作庭记〉新考》[1]，以《作庭记》为本体，将《山水并野形图》作为对比研究对象，以及《〈作庭记〉与〈山水并野形图〉比较研究》[2]，对造园中常用语汇"生得""前栽""野筋"等展开论述，分析其在此二书之间的差

---

[1] 木村三郎「『作庭記』新考」『造園雜誌』第47卷第4号、1984年、240~246页。
[2] 木村三郎「『作庭記』と『山水并野形図』との比較を論ぢ」『造園雜誌』第48卷第5号、1985年、79~84页。

异。铃木里佳和三浦彩子的《日本古典作庭书中关于石组尺寸描述的研究——以'三尊石组'的尺寸规定为例》[1]按成书年代顺序罗列了20本造园书，包括《作庭记》《嵯峨流庭古法秘传之书》和《山水并野形图》等，并从中选取了17本讨论庭石做法的流变。她们另一篇文章《作庭书及其实用研究》[2]，虽不是以《山水并野形图》为本体，但选取了10本分布在各地的《嵯峨流庭古法秘传之书》手抄本与实际庭园设计的内容进行比较分析，为当下造园书研究提供了借鉴。另有镰仓和室町时代的庭园通史类研究中，如秋山哲雄《文字史料所见镰仓的庭园》[3]、盐出贵美子《镰仓时代绘卷所描绘的庭园》[4]等，对《山水并野形图》进行简要介绍。

一、《山水并野形图》的获得与版本流转

《山水并野形图》卷轴的原件是在前田纲纪[5]时代被收藏的，高九寸一分，长三十三尺七寸，由24张料纸[6]和6张半纸[7]制成。在书的末尾，记载了以"增圆"为首的46个人的名字，最后署名是美马入道净喜，他在文安五年（1448）正月吉日题写。接着在文

---

[1] 铃木里佳・三浦彩子「日本古典作庭書にみる石組の寸法記述に関する研究『三尊石組』の寸法規定を例に」、『日本建築学会計画系論文集』第75巻第651号、2010年、1317～1323页。
[2] 铃木里佳・三浦彩子「作庭書とその実用的役割に関する研究」、日本建築学会技術報告集第16巻第33号、2010年、785～790页。
[3] 秋山哲雄「文字史料に見る鎌倉の庭園」『鎌倉時代の庭園：京と東国』（平成二十三年度庭園の歴史に関する研究会報告書）、奈良文化財研究所、2012年。
[4] 塩出貴美子「鎌倉時代の絵巻に描かれた庭園」『鎌倉時代の庭園：京と東国』（平成二十三年度庭園の歴史に関する研究会報告書）、奈良文化財研究所、2012年。
[5] 前田纲纪（1643—1724），是加贺藩的第四代藩主，加贺前田家的第五代，最后一位女性天皇、后櫻町天皇的外曾祖父。
[6] 料纸：用于假名作品的加工和装饰的纸张。从平安时代起，就产生了用于书写日本假名文化的料纸的加工，其制作包括染纸、渐变染色、撒金粉、撒金箔、拉贝壳等各种手法。
[7] 半纸：和纸的一种规格，是将杉原纸的寸延判全纸裁成一半的尺寸，也被定义为将延纸裁成一半的尺寸。实际上，半纸的尺寸因时代和地区而异，但现代通常为纵33厘米、横24厘米。

正元年（1466）七月二十八日由信严法印抄写，并盖上了花押（图1）。该书的纸张年代可追溯到长禄（1457—1461）和宽正（1461—1466）年间。

由此可见，该书最后抄本的作者是信严法印，他也是保存这本书最重要的人物之一。信严法印是越中国地区永松寺的僧人，在文龟四年（1504）一月十三日去世，享年85岁。在他保管书籍的年代，日本经历了应永改元乱世，京都陷入战乱状态。这场战乱一直持续了11年之久。许多建筑被焚毁，宫殿、佛寺、农舍都遭受毁灭，庭园也受到了极大的损害，更重要的是很多图书都散失不存。然而，信严法印的亲笔卷本幸存下来，免于散佚。在他去世后，原卷受到了仁和寺院家的继承和保护，并在德川幕府统治的初期，由加贺国的前田纲纪珍藏，保留至今。原卷已有420多年的历史，因为受到严重的虫蛀，现已无法直接阅读原本。

这本书曾有两个版本，一版是前田家的收藏，另一版是小泽圭次郎的收藏，这两个版本其实完全一样。后者是在明治二十年（1887）春天，小泽圭次郎在东京下谷池之端茅町的古书店琳琅阁购买的，实际上就是前田家的复刻本。[1]这本书最初也是由小泽氏引介至日本园林界。小泽圭次郎是明治初年的汉学家，他热爱庭园，自号"醉园"，曾调查日本各处名园，收集园林古文献，出版研究文献，对日本早期园林研究有很大影响。小泽氏在明治二十六年将这本《山水并野形图》介绍给世人，他称之为"园方书"，意为造园方法书。因为当时的日本人并不太理解汉语书写的"山水并

---

[1] 前田家每当获得一份罕见的古文献时，都会制作完全相同的副本，并将两本副本分别保存在金泽和江户的两个文库中。这些副本在明治维新时期散佚，最终落入古书店的手中，然后被小泽圭次郎偶然获得。

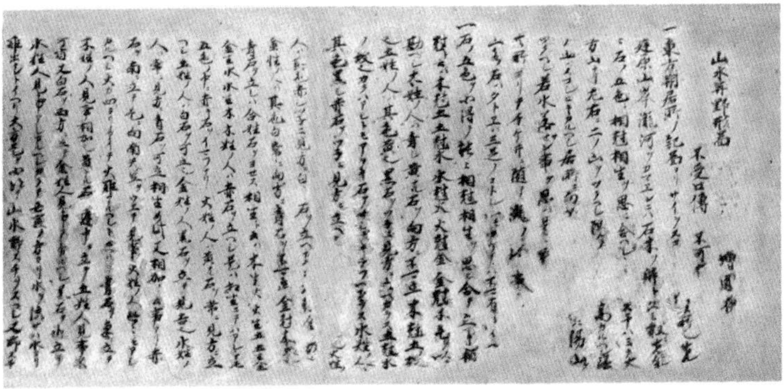

图1　《山水并野形图》增圆名字页

野形图"这个标题的意思。"园方"在日语中本来就有"庭"的意思，因此"园方书"意为"庭园书"，是指与庭园相关书籍的总称。

小泽圭次郎与前田家颇有渊源。《作庭记》的发现，源于他听说前田家有《前栽秘抄》（即《作庭记》的原始本），于是通过他的朋友野口布之提出了借阅的请求。调查后得知，前田家的名录中确实有这本书的记载，但在明治维新时期丢失了，下落不明。这本书后来辗转进入了芝公园的日本美术俱乐部的古董展，被金泽市古美术商谷村庄平购买。谷村原本计划将该书剪裁后用作日本传统屏风的底边，但出于谨慎，他首先向正木直彦——当时的东京美术学校校长——展示了这本书，结果确认了它是一本珍贵的造园古书《作庭记》，后又被认定为国宝，现保存在前田家的金泽文库中。

前田家在搜索的同时，另外发现了一卷由增圆僧正编纂的古文献卷轴《山水并野形图》，因此向小泽圭次郎发出了鉴定的邀请。小泽氏查看之后，发现与自己在明治二十年（1887）获得的卷轴没有丝毫区别，从而确认了自己家的这份就是前田家的复制品。小泽氏在明治二十六年九月的《国华》第48号至第50号中，以《园苑源流考》为题，摘录并发表了这本书的内容。但是这本卷轴在明治二十七年小泽家的火灾中连同家产一起被烧毁了。[1]

二、《山水并野形图》传承系谱

《山水并野形图》文末记录着47位佛教僧侣和贵族的名字，有些是著名的，有些则不为人知，但至少大概有32个名字是未经证实就被添加进来的，以增强文本的权威性。可以说，文末所列举的

---

[1] 上原敬二『造園古書叢書（1～10）』、加島書店、1972年。

更多是理想化的传承系谱，以提示后人，谁有资格来学习和传承此文本。《山水并野形图》开篇标明了作者为增圆。但由于没有具体撰写年代，仅增圆一个名字仍无法确定他的身份。根据日本庭园学界的定论，《山水并野形图》是在镰仓初期编写的，由此，增圆自然也应该是那个时期的人物。但是，卷末所列的传授系谱却出现了较为混乱的情况。平安中期的延圆阿阇梨名字放在了镰仓初期的增圆之后。这使得《山水并野形图》的编写年代变得不确定。虚构的人名、不确定的年代，使得《山水并野形图》一度失去了园林史学家的信任，导致它在中世庭园史的研究中被忽视。时至今日，关于年代和传承人的问题仍然未能完全解决。

根据小泽氏的描述，增圆和尚的信息在《元亨释书》《本朝高僧传》《僧纲补任》《护寺僧次第》《东大寺别当次第》《天台座主记》《东寺长者补任》《仁和寺诸院家记》《仁和寺各堂记大系图》等书籍中都未找到详细信息。但在《仁和寺各堂记大系图》中出现了同名但不同人的增圆和尚的记录。

系谱中所提到的其他人物，小泽氏的记载如下：

延圆阿阇梨：在《荣花物语系图》中记为僧都延圆，在《大系图》中记为画师阿阇梨。

俊纲：即橘俊纲，宇治藤原赖通之子，曾居住在宇治，世袭"宇治殿"称号。他的官职是修理大夫。

知足院入道殿：即藤原忠实，知足院是其别号，也即富家殿。

法性寺大殿：即藤原忠通，藤原忠实的儿子。

德大寺法印：即藤原定家，藤原师实的儿子，也称京极殿，有关德大寺法师立石的事情见于《续古事谈》。

琳实：号伊势，《续古事谈》中并未详细描述。

静空：即阿波阿阇梨，号阿阇梨。静空的弟子静玄，详细记载了他在二阶堂庭池上立石的事迹。

《山水并野形图》也存在一系列实际存在的人物。延圆阿阇梨、橘俊纲（《作庭记》作者）、知足院入道殿（即藤原忠实）、法性寺大殿（即藤原忠通）、德大寺法印（即静意）、林贤（即琳实）、静空（号阿阇梨）。这些人物大多活跃在平安时代。

在此之后出现的人物则属于镰仓时代初期。三井寺静空（号阿阇梨）的弟子静玄（石立僧），他在建久三年（1192）创建了镰仓的永福寺庭园，接着是增圆（《山水并野形图》卷首的作者）登场。他在建仁时期到元久、承元、建保时期的文献中多次出现，参与了许多建筑庭园的营造工程。

有关增圆的造园活动有：永福寺庭园建成后的12年，即元久元年（1204），后鸟羽上皇前往京都的平野神社进行巡游。平野神社为迎接上皇的到来，决定对庭园进行修复。有关平野神社庭园的营造被记录在《仲资王记》中，元久元年六月九日的条目中提道："以前神社没有引水系统。但请了仁和寺的石立僧来建造庭园，并在那个时候修建了引水系统。从那以后，庭园的改修工程并没有展开。但是因为上皇即将到来，我们必须进行修复工作。当初建造引水系统时，使用的水是从荒见川引来的。"接着文中还继续提道："通过那次的修复工程，神社前庭拥有了优美景观，是否是因为有《山水之条》而行此事。"

文字中"山水之条"的字眼引起了造园学家的关注，这是一本在元久元年左右引起广泛讨论的秘传书，是由仁和寺的石立僧所携带来辅助造园的。目前还不清楚"山水之条"是否指的是增圆所著的《山水并野形图》。大山平四郎考虑到以上信息，认为《山水并野形图》可能是将《山水之条》和《野形之图》这两卷合并成一卷的秘传书。在这个时期，关于仁和寺石立僧、《山水之条》、增圆、《山水并野形图》等词条同时在如《仲资王记》这样的贵族笔记文献中出现，不得不让人猜想其中的关系：此时来造园的人是否就是石立僧增圆？编纂《山水之条》和《山水并野形图》的总结者是否也就是增圆？

根据藤原定家的日记《明月记》记载，增圆在建保元年（1213）时的年纪是48岁，而建保五年，仁和寺的道助法亲王[1]进行水无濑上御所的造庭工程时，召集了仁和寺石立僧来负责庭园的建造，根据时间线索，增圆也有监督水无濑上御所造园工程的可能性。

但在镰仓时代有三位增圆。分别是：

一、日野政光之子，日野别当[2]权僧正增圆。

二、慈镇和尚（慈圆）的坊官[3]增圆。

三、白河的延胜寺执行增圆。

重森三玲和森蕴根据《愚管抄》的作者慈镇和尚（慈圆）所述，认为《山水并野形图》的作者有可能就是慈镇和尚的坊官增圆。慈镇和尚是关白藤原忠通的儿子，九条兼实的同母弟，《新古

---

[1] 道助法亲王，俗名长仁，是日本镰仓时代初期的皇族，生父母是后鸟羽天皇及藤原重子，顺德天皇和土御门天皇的异母兄弟。
[2] 别当：日本佛寺内的职位名称，为掌管一山事务的长官。不同寺院有时会使用其他职称，例如延历寺的"座主"、东寺的"长者"等等。
[3] 僧坊：寺院内僧侣居住的空间，特别是别当和三纲居住的僧房内，负责日常生活照料和事务辅助的僧侣被称为坊官。后来，公家和武家的政所中也派生出了类似的职务，尤其是皇族和公家的子弟作为门迹进入寺院后，寺院的重要职务通过这些门迹的继承而固定化，近侍门迹的僧侣被称为坊官。

今和歌集》《拾玉集》的作者，也是《作庭记》的写作者后京极良经的侄子。

田村刚在他自己名为《作庭记》的著作中表示同意重森三玲的看法，称"似乎有某种程度的可能性"，并认为在德大寺法眼静意和后京极良经之间，《作庭记》可能通过慈镇和尚传承。此外，森蕴在《平安时代庭园的研究》中提道："慈镇和尚最宠爱的徒弟——增圆法印，在学术上非常出色，承继了师父所保存的文献。"因此他认为，增圆完全有能力写下《山水并野形图》。

现存手抄秘本《山水并野形图》最后的传抄人是美马入道净喜，他又于文安五年（1448）将秘本传授给僧悟和尚。僧悟在文正元年（1466）七月将《山水并野形图》的上下两卷和原来的五卷秘传书传授给了仁和寺心莲院的信严法印，也即前文所提抢救保护了古籍文献的僧人。时至日本明治维新，原仅藏于寺庙和宫廷内的秘本书籍得以公开，成为研究日本中世庭园的重要材料。

三、《山水并野形图》题解

《山水并野形图》如其标题所示，是有关"山水""野形""图示"等方面内容，简而言之，就是为了营造山水和野地形态的图解。从平安时期开始，日本造园就将山水和野地作为营造的特定主题。野地容易理解，但山水一词却因为在中国文化中被赋予了自然、历史、人文等多重特征，而具有较为宽泛的意义。中日间也有较明显的区别。这种区别是自"山水"一词引入日本以后，同日本本土庭园产生融合时触发的变化。由此，为了能进一步理解日本庭园中"山水"的意义，也有必要将其进行一番词源追溯。

孔子最早用山水而有了"乐山乐水"之论。魏晋南北朝始有山水合体之用。《世说新语》中有："许掾好游山水，而体便登陟。"

《文心雕龙·明诗》中有："庄老告退，而山水方滋。"《文心雕龙·知音》中又有："夫志在山水，琴表其情，况形之笔端，理将焉匿？"《宋书·萧宏传》中有："文帝宠爱殊常，为立第于鸡笼山，尽山水之美。"

唐代《艺文类聚》"三月三日"条："屡借山水，以化其郁结。"《艺文类聚》卷七"山部上"《宋谢灵运名山序》中有："夫衣食人生之所资，山水性分之所适，世识多云，欢足本在华堂，枕岩漱流者之于大志，故保其枯槁，余谓不然。"可见，从谢灵运开始，诗词中有了对"山水"一词的大量运用。

南朝宗炳《画山水序》曰："山水以形媚道，而仁者乐。"开始从绘画角度讨论山水真意。

北宋画家郭熙《林泉高致》有言："山以水为血脉，以草木为毛发，以烟云为神彩，故山得水而活，得草木而华，得烟云而秀媚。水以山为面，以亭榭为眉目，以渔钓为精神，故水得山而媚，得亭榭而明快，得渔钓而旷落。"对"真山水"进行了界定，认为有人参与和活动的才是真山水。山水在中国文学和绘画作品中逐渐成为超现实的理想的人居环境，拥有了无限的想象时间。赵汀阳称："山水以其自然身份而有拥有无穷时间，因此能够以其不朽的尺度去旁观即生即灭的人事。"[1]山水有了现代的理解和更永恒的历史意义。

日本文学作品中较早出现"山水"一词的有《怀风藻》(751)："命驾游山水，长忘冠冕情。""圣衿爱韶景，山水玩芳春。"《源氏

---

[1] 赵汀阳：《历史·山水·渔樵》，生活·读书·新知三联书店，2019年，第98页。

物语》（1008）第五帖"若紫"："山水间，我心已然驻留。"

造园书《作庭记》（约1040）中有："于来之各所，周布风情，以念生得之山水。"

鸭长明的歌论《无名抄》（1211）："譬如作山水，于宜植松之处立岩，于宜掘池引水之地筑山以便眺望，如是，当依是地之名以饰歌之形。此乃妙传也。"山水开始有了明确的庭园意义，甚至可以说，山水直接指代人工改造过的自然。

到了镰仓时代末期，禅僧梦窗疏石在《梦中问答》（1344）中也说："从古至今喜爱山水的人多，他们在山上立石、种树、引水流。虽然说风情相同，但其意趣各不相同。（中略）因此，喜欢山水定不可说是坏事，也难以断言是好事。山水无得失，得失在人心等等。"梦窗疏石的论述中也表达了山水与造园的统一性。

随着山水与造园之间关系逐渐增强，造园术语中也开出现如假山、枯山水等新词。例如在日本古词典《撮攘集》（1454）中提到"假山即山水也"，而在《尺素往来》（约1481）中则有"假山水"和"枯山水（フルセンスイ）"，同期的《庭训往来注》也提到了"枯泉水（カラセンスイ）"。假山和枯山水这些术语也反映了那个时代造园的新趋势。

木村三郎在《庭与山水》中对日本庭园史的概念进行了梳理，尤其对"山水"这一词是如何在日本历史中指代园林和"庭"一词的意义转变过程进行考证。他认为，在《源氏物语》中出现的"山水"仍然是真正的自然山水，但到《平家物语》（1242）时的"山水"则成了造园的专有词汇。《平家物语》现存多种不同版本，如异本、流布本、平曲本等，这些版本中日文"せんずゐ"对应的汉字有山水、前水、泉水等，因为版本各不相同，也有了多种写法。

到了室町时期《节用集》（文明本）中，有了"泉水，サンスイ，或作前水，庭也"的定义。

而后，"山水""前水""泉水"等造园术语都被集中到狭窄的"庭"的框架中，越往后越明显。现在我们所说的"庭园"就是造园"小庭化"趋势的结果。从那以后，"造园即造山水"的关系逐渐消失。[1]

木村三郎认为日本庭园发展史中将山水指代园林的另一个原因是白乐天《白氏文集》在日本的广泛传播。白乐天《草堂记》（817）、《池上篇并序》（829）对日本造园的影响非常之大，《草堂记》中写到的"聚拳石为山，环斗水为池，其喜山水病癖如此"等，都深刻影响了日本造园。像《山水并野形图》中以"山水"直接指代庭园的情况在中国园林史中却不常见。

从造园实践方面来讲，造园同"造山水"跟宋代禅僧的到来也不无相关。宋元之际，中日密切往来，以兰溪道隆为代表的南宋禅僧在日本寺院中展开禅宗伽蓝营造。禅僧造园改变了日本传统园林的前庭、净土园的特征，而形成了与自然地理环境关系更加密切的"背面庭"。这意味着将庭园设置在整个建筑群落的最内侧，也即"背面"之意。禅宗寺院通常依山而建，最内侧也意味着与自然紧邻。庭园也由此不再局限于建筑的围合空间中，而是向自然延展，同时借用自然的山形水势，形成宛若自然的"山水园林"。这一特征也使得"山水"一词在指代园林上名副其实。

"野形"一词在中文语境中并没有使用惯例，日本文献中也出现极少。就该书而言，野形一词也仅在标题中出现，正文中与此概

---

[1] 木村三郎「"庭"と"山水"」『造園雜誌』第46卷第4号、1983年、251~258页。

念相关的词汇按出现顺序分别有：野筋、野山、野原、低野、野峰。据此推测，野形可能并不是一词，标题的分隔应该是：山水并野、形图，所讲的是山水和野地的形式图。日本中世以前庭园的营造仍然是以皇家贵族等上层社会人士为主体，野地对于他们来说，是另一种不常接触的风情。对于庭园中野地的营造和刻画，同山水的描绘具有相同的价值，即一种超越现实，对超理想环境向往和探索的情怀。

四、《山水并野形图》内容

《山水并野形图》全文共94条。第一部分从第1条到第30条，主要描述石头及图示，包括讨论阴阳五行、相生相克等古代风水理论。第二部分从第31条开始。因第31条中共罗列了48块石头，所以后3条是对各种石头进行详细解读。从第35条到第61条，都是对各种庭园植物的描述。从第62条到第93条，则又是石头描写。第94独列一条描写枯木树桩的处理。文中所列举的石头，都有相关用途、大小和特点的描写，它们的特征与意义和无名之石有较大区别。在关于石头组合排布上，罗列了品字、加字等样式，但也极为少见。

庭园植物方面，从第35条到第61条，共有27条，包括木本植物和草本植物两种类型。木本植物有松树、梅树、樱树、柳树、桧树、槙树、杉树、枫树、椿树、萩、杜鹃、椎树、柿树、梨树、桃树、枳树、栗树、桐树、柚子树、山桐子、榉树、竹等。草本植物有菊花、紫菀等。同时，也列举了植物养护的种种手段，包括移植、修剪、生长控制和护理手法等。

庭园构成的解读上，列举了池塘、曲水、曲河、曲山、干潟、海滨、浜山、野筋和放鸟鱼池等样式。同时，也提到了后来一直流行于江户时代的庭园样式"万海一峰""万木一见"等特殊造园技法，以及一些当时似乎较新的术语，如生本和风情等，介绍了庭园参观的礼仪等。文中还包括了大量基于五行说的阴阳、相克、相生、相加等内容，以及一些基于迷信和风俗的记载。

总体来说，这本书内容繁杂，呈现了不同时代的名称和技法，文字表达和体例上有明显拼凑的现象。

森蕴在《平安时代庭园的研究》[1]中提及该书在内容编排上的重复甚至矛盾部分。他写道："《作庭记》的内容主要集中在平安时代的公家寝殿造庭园，以纯日本式营造为主，而《山水并野形图》则显然受到汉风的影响，内容不仅局限于寝殿造庭园，还包括古代或中世的住宅、山庄、寺庙等大型庭园的构建方法。"他又写道："两者之间首先在自然观上存在根本差异"，"正如'生得'和'祈求'这些术语所示，《作庭记》是在适应自然的同时将其理想化地表现出来，而《山水并野形图》则将作庭视为一个固定的构图，即遵循天、地、人三才的约定，并奉为金科玉条，然后进行施工"。

森蕴还认为，对该书的解读需要重新排列正文内容，原因有："（正文）前后重复，前后矛盾，内容排列上的前后冲突，图与解释不一致等多个方面。"用于重新排列的标准是石头图解，将图解与其解释之间不符的描述重新排列以相匹配。再者，对图解的解读文字进行校正，从根本上调整排列顺序。

田村刚认为，这本书原本可能有三到五卷。更甚者，《山水并野形图》第一部分可能比平安时代《作庭记》具有更古老的传统；

---

[1] 森蕴『平安時代庭園の研究』、桑名文星堂、1945年。

第二部分可能是镰仓仁和寺静意和尚之后的产物，或者是由慈圆的坊官增圆所编写；第三部分可能是后人添加的。[1]大平山四郎则认为，48块名石的来源并非分散采集，而是成批次地收录。因此，经后人不断补充，书籍编排的顺序就显得混乱了。

从文章描述的侧重可以看出石组结构在《山水并野形图》中的重要性。在94条内容中，有50条是描绘石组的，共提到了57块命名的园石。有23块直接指涉场景效果，20块与水景营造相关，只有3块明确提及山景。但在造园中扮演关键角色的园石，比如不动明王石等，所象征的大多是山景，只是它们的命名体现了佛教信仰观念，含蓄地暗示了它们的用途。还有对园石石名的隐喻性使用，比如用来指代鸟或鱼的运动特质，或者风吹雨斜的特征等，如第88条中的"鸟游石"，以石形表现水平和对角线的交织，捕捉到了鸟嬉戏时挥动翅膀的活泼特质。

种植草木方面，《山水并野形图》提供了43种植物的相关信息，介绍了它们的自然栖息地以及在庭园中的摆放位置，这些植物的种植地区范围从山峰和深山，一直到低地沼泽和海岸，以及介于两者之间的山丘、田野、山谷和农村耕种土地，都需要同自然一一对应。第63条提道："草木栽植之法，似易实难，知之者千人无一。"可知，精通植栽并不容易做到。

五、《山水并野形图》主体特征

1. 作为秘传书的保存方式

《山水并野形图》和其他秘传书一样，需要被严格保密。文末

---

[1] 田村刚『作庭記』、相模書房、1964年。

明确写道："此书切不可示于外人，可秘之。"除此之外，正文中"秘事"一词出现了整整7次。可见，严格的保密性是这本书的一大特色，保密命令背后所蕴含的意味也值得进一步探究。自日本中世以来，保密的命令不仅适用于造园技法的传承和造园书籍的传抄，也是各种其他艺术门类的基本原则。

那个时代的艺术类技法书何以需如此保密？很大原因在于，中世日本文化主体对于艺术传承人群的限定以及传承路径的规范。

自上古到平安时代，日本艺术技法的学习和保存都仅限于皇家和贵族阶层内，权力和经济上的绝对地位使得日本的皇家和贵族阶层的文化传承必然有着单一性和无法广泛传播的特点。但到了镰仓时代，贵族失去了大部分的政治权力，财富也大大缩水，仍能标志他们是高等阶层的宝贵财富就只剩世代传承的艺术技法了。这是艺术技法被贵族格外珍视的首要原因；另外一个重要原因是，独特的艺术技法能为他们带来高额的财富回报。因为武士阶级渴望习得贵族们所创造的高雅文化，贵族们就利用这些知识，成为武士阶级学习高雅文化的导师，也即依靠艺术知识来获利。13、14世纪的贵族以秘传书为载体发展出了一种保守知识并秘密传授的体系，让他们的后代在艺术方面有持续的竞争优势。[1]其他艺术门类与造园情况一样，如15世纪初期的剧作家世阿弥，他写下了至今备受重视的有关表演和能剧的论著，这些论著直到20世纪初仍未完全公开。

与此同时，我们能见到《山水并野形图》中有多处提及"应有口传"一事。何谓"口传"？即技法仅允许以手口相授的方式传承，不能被文字记载。这也表明了，除了文字记载之外的另一个传承路

---

[1] David A.Slawson, *Secret Teaching in the Art of Japanese Gardens : Design Principles, Aesthetic Values*, Kodansha International, 2013.

径就是口授。技法书的传承者认为，单凭这样的秘传书是不够的，如果接受此书的人没有自身的领悟，也无法造园。如书中第32条指出，即使是受过启蒙的人也要警惕过度解读："虽尺寸或有微异，亦须视石之优劣而立之。倘不谙此，则更不可立矣。"

口授传统在《作庭记》中也有记载。如第14条中有"布置石头的口传"。口头传统在秘传书中有时只是提及而未被详细阐述，通常用的短语是"有口传"。这意味着接受传承的人要么知道这个指令，要么必须自己去探索。口头传统与秘传书文字的关系是互补的。从一定角度上说，从文字之外获得的口传才是核心，是理解书面指导的宝贵钥匙。在稍后的室町时代，另一本造园秘书《童子口传书》中有大量关于这一传统的记载。这是《山水并野形图》传抄变体中的一个口传汇编，同时也摘录了《作庭记》的大部分内容。

2. 源自阴阳五行理论的造园思想

关于日本庭园中的阴阳五行理论是否源自中国古代风水理论，日本学界尚未形成统一的观点。不过，《作庭记》和《山水并野形图》中都有一些被认为是从中国古典文献中引入的内容，例如《作庭记》中的"种树书"和五色石，以及将山视为帝王、水视为臣下的观念可能来源于《史记》[1]；而《山水并野形图》中的五行"相生相克相加"等则来源于《淮南子》[2]；还有对东方朔的表述则可以在《列仙传》《汉武故事》《拾遗记》等文献中找到。虽然无法确

---

[1]《史记》："贡维土五色。"《集解》引郑玄曰："土五色者，所以为大社之封。"《正义》引《韩诗外传》云："天子社广五丈，东方青，南方赤，西方白，北方黑，上冒以黄土。将封诸侯，各取方土，苴以白茅，以为社也。"《太康地记》云："城阳姑幕有五色土，封诸侯，锡之茅土，用为社。此土即《禹贡》徐州土也。今属密州莒县也。"
[2]《淮南子》中有："圣人节五行则治不荒。"高诱注："五行，金、木、水、火、土也，水属阴行，火为阳行，木为燠行，金为寒行，土为风行，五气常行，故曰五行。"

定《作庭记》或《山水并野形图》的编纂是否直接引用了这些内容，但那个时代日本已经有了一本著名的中国故事辞典——《文凤抄》[1]，记载了大量源自中国的五行、风水理论，并得到广泛传播（图2）。

《山水并野形图》第3条写："立庭石时，应心存横、斜、径三者。此三者，乃天、地、人三才也。首先，三者当立于一处。立天、地、人三才，旁植径木，则成王字。此王字又生玉字，囊括万事，谓之本玉。故古语有云：'王玉国五宝中至也。'"表明立石需要考虑天、地、人三者，表征天、地、人三者统一，这样的布局方法可囊括天地万物。《文凤抄》中也将天、地、人的概念套用至造字所需考虑的原则上。中国五行思想、《五岳真形图》[2]、相生相克等理论对此时造园理论有多大影响不能完全确认，但可以肯定的是，借鉴源自中国的思想是赋予《山水并野形图》整体权威性的手段之一。

3. 满足武家精神需求的庭园形式

据传为梦窗疏石所作的西芳寺、天龙寺庭园以及将军足利义满在金阁寺所建的庭园，是日本迄今为止保存最完整的三座园林。它们建造的时间早于《山水并野形图》仁和寺抄本。庭园研究者们认为，它们很可能是根据《山水并野形图》所造，这些庭园中也包含了书中石组构图的样式。另外，足利义政在15世纪80年代建造的银阁寺，距离《山水并野形图》的时代更接近。同足利义满所造金

---

[1]《文凤抄》（也有称作《秘抄》的抄本存在），菅原为长（1246年去世）编撰。用于创作诗文的词汇和故事等的参考，书写方式是夹杂片假名的训读汉文。其成书年代有各种说法，初编成书之后经历了数次增补，但大致可以认为成书于1211年到1235年之间。
[2]《五岳真形图》，题为东方朔编，实际应出于汉末魏晋之际，为中国古代道士绘制的一种特殊山岳图，在道教中用以"辟兵凶逆"，为符箓之最古者。

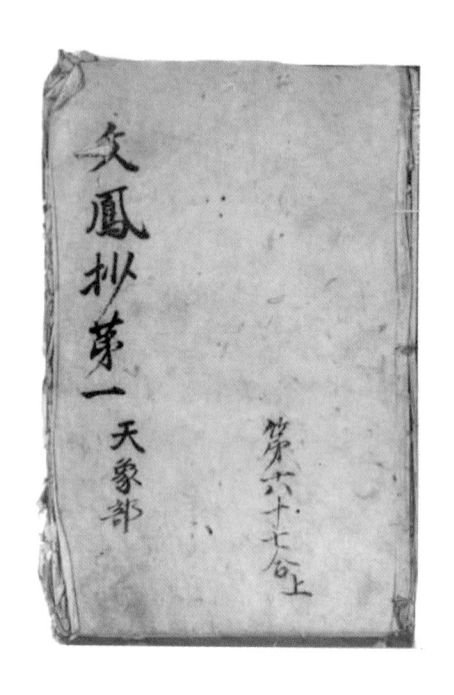

图2 《文凤抄》封面

阁寺相比，银阁寺很好地概括了当时文化的特点：足利家的权威正在衰落，资源在减少，主流审美越来越倾向于节制和高峻的中国绘画风格，这种简约的特征受到了从禅宗僧侣到武士、将军的青睐。与平安时代的《作庭记》进行比较，镰仓初期编写的《山水并野形图》有更多关于石组的内容，虽然它在一定程度上保留了《作庭记》的传统，但庭园整体尺度却比《作庭记》小了很多，这与当时提倡节俭和清修的社会背景有关。

平安时代的造园群体基本是皇家和公卿，女性化的风气在文化各个领域弥漫，如《源氏物语》的作者紫式部，以及《枕草子》的作者清少纳言，就是那个时代女性文化的代表。庭园在很大程度上依赖和反映文学、诗歌，《作庭记》中就很少出现威武雄壮且突兀的石组造型，细砂、浅滩是这个时候庭园的表现重点。这种特征在同时代的绘画草纸作品中也很常见，如《源氏物语绘卷》（图3）。《作庭记》的时代正是日本文化在飞鸟时代受中国影响之后，逐渐内化的第一个时期。而进入镰仓时代之后，从中国传来的禅宗文化，随即兴起对日本文化的又一波冲击，而这种情况，也反映在了当时的造园以及造园书《山水并野形图》上。

将《作庭记》中的庭园样式与同时期的绘卷对比，可以看到以下特点：一、被柔和曲线环绕的大型池泉广泛占据庭园的中央。二、中间岛屿也是圆形或椭圆形，没有锐角，呈现出低矮的姿态。三、丘陵地势丰满地隆起，显示出缓和的倾斜线。四、宁静的倾斜线平稳地延伸到池底，因此池塘的岸边不是垂直切割的，池塘也不会非常深。造园受到《源氏物语》中持续存在的"物哀"等感伤情感影响明显（图4）。

《作庭记》的禁忌条中强调不宜立高石，如第一卷中写道："凡

图3 《源氏物语绘卷》局部

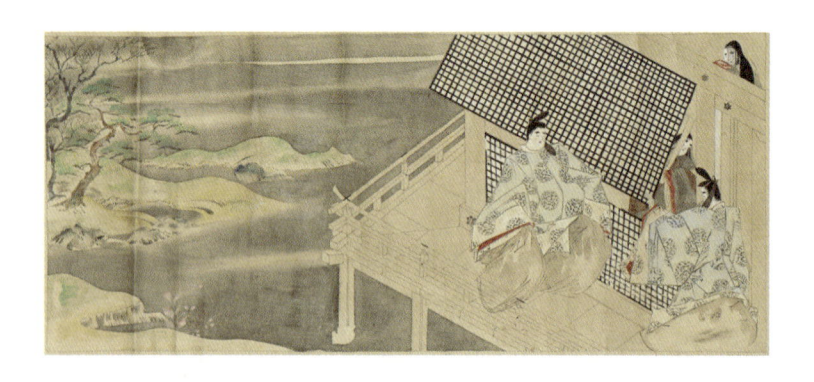

图4 《紫式部日记绘卷》局部

瀑之左右、岛之前端、山之近旁以外，稀有立高石者，尤于庭上近家屋处，不立三尺以上石。据云，犯之家主于此难久居，终将沦为荒废地。"[1]认为在瀑布泷水的左右两侧、中岛的前方、山的周围都不要有立高石的处理。尤其在庭园靠近家屋的地方，不能立超过三尺高的石头，否则，主人就会遭遇灾难。

第二卷也写道："作庭立石，多有禁忌。据传若犯其一，则家主常病，终至丧命，其家荒废，必成鬼神之栖所。"[2]最后一条规定如下："家屋近旁，不可立高于家屋缘侧[3]之石。犯之，凶事不绝，家主难久居。但于堂社，则无此忌惮。"[4]都是对于石组不可过高、过于凌厉的规范。

武家庭园中石结构显然变得更大，且有两种庭园风情并立，一是延续京都皇家贵族的手法，《作庭记》风格仍然持续地被重视。另一是使用源自中国的禅宗石组样式。但总体而言，石组的数量大大超过前代。

根据对镰仓时代初期庭园的挖掘可知，当时庭园布置的庭石数量极少，属于《作庭记》式的石组。[5]但是到了镰仓中晚期，西芳寺初创时期，全区域布置的庭石数量非常庞大，尤其是枯泷石组有着90多块庭石。其组合方式也明显采用了不同于《作庭记》式的造型。在《吾妻镜》卷十二建久三年（1192）八月二十七日条中，

---

[1] 张十庆：《〈作庭记〉译注与研究》，天津大学出版社，2004年，第74页。
[2] 张十庆：《〈作庭记〉译注与研究》，第108页。
[3] 张十庆据《家屋杂考》的考证："簀子，通例广五尺，有勾栏，由正面向左右围绕。正面有阶，五级，阶左右亦有栏。"可知缘侧一般广5尺，离地有阶5级之高。若设定每级高度15厘米，则缘侧地板面高约75厘米。
[4] 张十庆：《〈作庭记〉译注与研究》，第108页。
[5] 大澤伸啓「関東における鎌倉時代前期の庭園」大澤伸啓「関東における鎌倉時代前期の庭園」『鎌倉時代の庭園：京と東国』（平成二十三年度庭園の歴史に関する研究会報告書）、奈良文化財研究所、2012年。

提到了增圆的前辈静玄在镰仓的二阶堂永福寺庭园中，使用了巨大的石头，其中一块大到和一张榻榻米相当，园中总共有一百多块庭园石。与传统的作庭流派相比，静玄使用了数量惊人的庭园石，与之前表现得截然不同。森蕴在《日本的庭园》（1974）中写道："锋利的岩石相互交织，峻峭的岩石表面和组合方式，以及通过石头建成的阶梯式陡峭小路，通向收远亭的山路，都表达了严格的禅修。"

从镰仓初期到中期，禅宗与武家庭园所参照的庭园样式，很大程度上也跟南宋山水画的传入有密切的关系。到了室町时代，日本禅宗样式庭园最终确立。室町时代的禅僧如拙、周文，一直到雪舟等杨，都有着杰出的绘画技巧，庭园石组的营造也受到了绘画的全面影响（图5—7）。金泽弘在《日本的美术》第69号《初期水墨画》中提道："初期水墨画是从13世纪中期，即兰溪道隆来日本时开始的。"兰溪道隆的来日被视为北宗山水画创作的起点，到了室町时代，日本的山水画则有了大量本土的传承人，发展到了一个高峰。同理，室町时代的日本庭园，也在禅僧带来的正统中国庭园样式的基础上，得到长足的发展。对中国画论的理解，也成了造园的具体手段。北宋郭熙的《林泉高致·山水训》中山水画空间处理的"三远法"也一举打破了日本《作庭记》时期的单一观看视角。尤其以"高远"为例，枯泷石组的出现正是对这种"高远"构图的反映——典型的"高远"方式，从低处仰视壮丽的瀑布。而《作庭记》参考的"大和绘"的表达通常以高视角从左侧俯瞰右侧底部。日本学者也曾试着将其作为区分作庭石组中"唐式"和"和式"的关键。[1]

---

[1] 大山平四郎『日本庭園史新論』、平凡社、1987年。

图 5　《瓢鲇图》

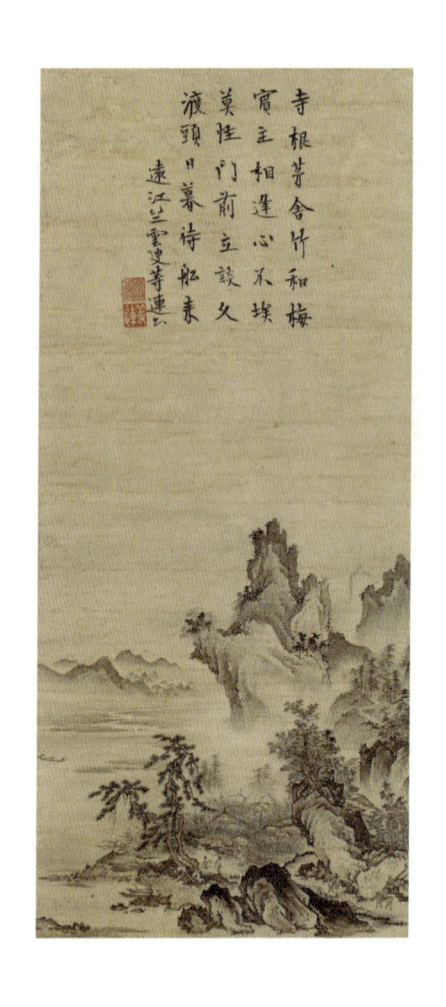

图6 《山水图》

图7 《四季山水图·夏》

六、以自然为本的造园观念

在8世纪,日本深受中国盛唐文化的影响,对各种中国事物产生了浓厚的兴趣。首都平安京(今京都),于延历十三年(794)建成,布局与盛唐长安相似,而在城市周围山丘上建立的宫廷贵族庭园结合了水和石的特征,仿效了中国的自然主义园林。这些庭园的修建目也与中国相似——娱乐、舟游和雅集,提供审美享受,并展示主人的财富和文化。在《作庭记》写作时期,源自中国的思想已经过筛选和吸收,符合日本人品位。《作庭记》开篇明确提出了这个时期古典日式庭园最重要的理念之一,即再现自然,如"因地形,就池状,于其要处,巧设风情,师法自然山水,随宜因之而立石"[1]。

日本庭园中也出现了一种独特的风景,就是模仿海边矶岸风情。这是由于从日本去中国需要经历非常艰险的海上旅程,大海中云雾缭绕的场景成为他们祈求平安抵达以及返回的寄托。同时,从中国返回日本本土时,看到日本海岸线上陡峻的峭壁和松树,也成了得以回归家园的标志符号。所以在早期,对于海上仙山岛屿,以及沿海岸线的描绘在日本庭园中是很重要的主题。在足利义满所造金阁寺内的金阁旁边有个船坞,只有坐船游赏,才能看到镜湖池内最精美的石景布置。

《山水并野形图》第1条提道:"东方朔居所之记图,略述其要……若欲设落水,须视地形布局。盖山、水、石,如鼎之三足,一不可缺。"表明了庭园中挖掘池塘和小溪而产生的土被用来堆成

---

[1] 张十庆:《〈作庭记〉译注与研究》,第68页。

月山或人工丘陵，并在上面立石、种树。而水则通过管道从附近的河流或泉水引入，用作制造水景效果——瀑布、山涧、海岸、沼泽，引自然之物造自然之景。

种植草木方面，第10条提及："植草木时，当师其本生之地。深山之木宜归庭中之深山，野山之木宜归野山，水滨之草木宜归水滨，海滨之草宜归海滨，如是体认，则植草木不迷矣。是以山水（庭园），乃映写山之象也。凡此皆当以'生本'二字为宗。"所说即是，山水庭园应当根据其所象征的自然来布置。尤其在规范植物的使用上，建立了植物在自然环境中的栖息地和它们在园林中最适合的环境之间的对应关系。

对生活在京都的贵族来说，深山和里闬两种场地都具有特殊的意义和魅力，许多人除了在文学和绘画中，从未经历过这样的风景：一种崎岖而偏远，另一种田园般而被驯化。《山水并野形图》第52条写道："槙、杉、桧、樟、椎、桐、榧、柏、交让木、松、山樱等，宜植于深山之中。其下则宜植杜鹃、黄杨、柃、山漆、小篠等，错落而植，下不透风，繁茂有致，观之甚美。"提到在象征深山的地方，种植乔木形成一片林地，并用了樟树等芳香树木，使空气中弥漫着特殊气味，营造出荒无人烟之地的阴暗神秘氛围和高远之感。在树冠的覆盖下，种植象征野地的山漆和竹草。而在象征里闬的位置，将柑橘和石榴等果树种植于靠近农舍的篱笆旁，这些树与木制篱笆搭配种植。地面上种植着诸如兰草和辣根之类有实用功能的草本植物，以突显其乡村的特征。

柏树和柑橘类树木在生长环境以及象征意义上存在着很大的差别。前者生长在偏远、幽静之地，象征阴暗和凉爽；而后者则靠近人类居住地，象征开阔、明亮和温暖。因此，不会将柏树和柑橘树并排种植在一个场景中，否则会破坏庭园的意义和美感，以及其所遵循的自然主义信仰。

对自然的模仿还表现为对自然生息规律的呈现。如在庭园中使用废弃的石材，表现一个地方的历史演变历程，强调其古意；使用弃置的柱基石，放置在路径转折的地方，吸引人的目光；用旧磨盘作踏步石；将寺庙前的祈愿石灯笼放置在家中庭园等等。

模仿自然不仅在其物象，还有对其内在神明生存规律的参照，《山水并野形图》12条中写道："有云：石不可背其山中之态。山中本居下者，若于庭中反置于上，谓之逆石，乃所忌也。逆石之际，石灵激怒，为凶兆也。"所指即是，选择自然中的石头来立石时，不能改变石头在山中原来的位置。如果石头原来在山中是正面朝上，到了庭园中就不能使其正面朝下，否则就会触怒自然中的神明，给主人家带来厄运。因此，庭师也要具有谨记石头在自然界原始位置的能力。

七、造园"风情"论

园林的本质很多时候并不仅仅是模仿自然世界，而是人类感知它的方式。模仿自然是园林营造的最初需求，但更深刻的意义则来自满足不同时代人群对园林的诉求和心理依托。这一情况在日本造园古籍中"风情"一词出现的频率变化中得到了较为明确的体现。在《作庭记》和《山水并野形图》中，审美概念"风情"一词的从少到多，表明了在镰仓时代以后，日本庭园开始重视"风情"营造。《山水并野形图》中出现了58次"风情"，而在《作庭记》中只出现了4次。"风情"所传达出的内涵有"氛围"或"情感"意义。例如文中写道："船隐石……犹如明石浦中岛隐隐，舟行其间之感。此乃秘事之风情也。"所表现的就是瀑布两侧聚集的松树，或是在雾蒙蒙的清晨看到海湾中的小岛，而这就是有"风情"的一种典型场景。由此看来，风情也暗示了一种诗意和品质导向。

强调风情的变化也反映出日本造园观念在发展过程中受到中国美学特征从北宋到南宋变体的影响。可以认为，北宋绘画以及园林的审美特征是能客观清晰地勾画自然的多样性，并注重精心平衡的结构，产生宏伟和"现实主义"的作品。相比之下，南宋的绘画和园林则更富有抒情和意象性。通过大量留白，将更多的内容留给了想象力。宣纸以及绢画中的淡墨和留白产生雾气的效果，暗示了无限的广阔空间。使用了较少的笔触，但以富有高度表现力的方式来传达所需的微妙差别。

14世纪中叶，牧溪、玉涧等禅余画家的许多此类作品传入日本，在镰仓的禅宗寺院圆觉寺就有一定数量的藏品。经过模仿学习，到15世纪中期，部分日本画家也开始掌握这种类型的高度暗示性技巧，包括使用浅淡的水墨、粗糙的笔触和所谓的"破墨"风格。到15世纪末，更多的中国艺术作品传入日本，成为幕府收藏的一部分，《君台观左右帐记》中都有所记载（图8—11）。

至晚从平安时期开始，日本的山水画审美理念和实践就与造园有着密切的联系，许多贵族和僧侣都同时从事两者。《山水并野形图》的书写年代，正是绘画中对于氛围和画外之意追求的年代，如《山水并野形图》第18条所写："又有干潟之式。别无他致风情，仅随潮涨潮落之势。"描绘了在造园时根据潮汐变化，模仿海滩撒播细砂和粗砂，便可增一番风情。强调画外之意的表达，作为材料本身的树木和沙子被淡化了。文中除了"细砂""粗砂"的词汇之外，并没有对材料的品质，如大小、形状、质地、颜色等给出具体

图 8 《远浦归帆图》

图 9 《庐山图》

图10 《山水图》

图11 《山水图》

的规定。最终唯一的评价标准是，它们是否能引起观者对海上潮汐风情的想象。

在第32条中有："如此之图，古今皆当遵用。须解古今和歌之风情，取其意蕴，依其方位，次第而置，务显风情。大凡先立大石，依其尺寸，次第立诸石。凡此诸事，皆在一心。"认为造园绘图古今所见无异，但内涵却有别。比如在《山水并野形图》时代，和歌风情是需要努力去营造的。这也表明了造园的核心并不仅是自然特征的表现，还必须精通绘画、诗歌和其他艺术形式表达。

第68条所描绘的"霞悬石"，"立于峰峦、开石之侧，较开石稍显高出。其形为径石，高于开石约三寸许。须立于池畔之野峰，或山脚延绵之地。盖因池畔常有霞气升腾，于此布石，甚为相宜"。可以发现这就是一块竖立的岩石，但却以"霞悬"命名。如果庭师对池畔水边雾气迷蒙现象以及氛围没有全面了解，是无法正确立石的。又如第7条"曲河中有曲石。水流迂曲，狂怪如斯，宜立曲石"提及在水流弯曲处，要立起曲折的石头，如此才能营造出狂怪的氛围。这种对于氛围的把握，以及对"风情"的强调在《山水并野形图》中得到最大体现。这也是南宋以来，中国山水画中对意境强调的体现。

余 论

人类历史长河中，文明的形式多种多样，古代造园书的保存为我们记录了可以言传的一面，但园林艺术的精神却不能仅通过技法传授这一方式得以完全传承和延续。《山水并野形图》作为日本古代造园书籍的典型，记载了庭园构成要素、手法、园林观念和传承规范，具有重要文献价值而值得不断研究。但又如书中频繁提醒传承者"有口传"一样，艺术的传承与传播有着文字无法记载的一面，这究竟是什么呢？是人类身体直觉、意识本能还是神秘玄学？它关系着整个文化进程中的所有可见、可知晓的知识背景，同时也包含着人源自自身的感受性体验和当下的实践目的。这也是历经了几百年，以中国古代园林思想为本的日本造园古籍，在日本传播数百年，又在当下中文语境中重新被研究的意义。

第三章　日本造园古籍的书写与传承

日本古代造园人也统称为庭师，他们在日本中世以来有明确而具体的传承谱系。经过长期的实践与理论总结，造园人集团使日本庭园的营造具有了明确的核心思想、特定的传承路径以及门派独有的造园秘本书，这也是形成造园人集团的基本条件。由此，使得日本庭园发展有着稳定、有序且可传承性的特点。同时，随着造园人集团越加庞大以及稳固，集团中的造园思想也开始出现封闭、缺乏变化甚至僵化的风险。本章主要从现有日本造园的文献记载梳理日本造园人、庭园流派和造园群体的发展过程，讨论日本从古代到江户时代造园群体的特色，分析在近世已完善的造园人集团如何从历史的造园人谱系中脱胎而来，由此形成深入理解日本庭园的角度和方法。

一、古代日本造园人分类

中国古代有关造园者的记录，基本以园主人为主，他们拥有属于自己的园林，按照自身的需求造园，并雇佣工匠提供辅助。具名的专业造园人出现在南宋，根据南宋周密记载，造园人俞子清"善画"，江浙园林之主竞相邀请他辅助造园。如果更往前推，也可将北宋朱勔纳入其中，他为宋徽宗造艮岳，在江南设置"花石纲"，搜罗园石北运并设计布局。专业的造园人擅长绘画技艺，有很高的文学修养和园林审美能力。造园人的身份名称也因技法不同，有山匠、园工、花园子等，但始终以其技术为名，而无法上升到"园之能主"的地位。

日本的情况则较为不同。日本造园发端于对中国文化的学习，园林作为文化的集中体现，非深谙此道之人不能为。从最开始，日本就对造园人和造园技术赋予了很高的价值。造园人主要分成以下三种：第一种是专门以造园为职业的人；第二种是有其他工作，但是可以指导造园，有一定专业技能的人；第三种则是在最初并无造园技能，但精通文化思想，喜爱庭园，受他人之托指导造园的人。日本中世时代开始出现在人们视野中的第一种造园人，他们是受园主人雇佣的工匠，经由长时间的训练，逐渐靠近职业造园师的属性。第二种为半职业造园人，身份则是僧侣、画家、建筑家或者喜欢茶道的人，他们大多是有文化之人。第三种造园人则为平安时代的日本贵族。如果阅读日本贵族日记录簿，就会发现，即便到了近世，桂离宫和修学院离宫等大型庭园的主要创建者也都是贵族们，他们出于兴趣，亲自设计主建自己的庭园。造园属于一种最高级的兴趣，他们十分享受这种过程。

现知的日本最早的造园者名叫"路子工"，《日本书纪》有他的记载。他在推古天皇二十年（612）经由百济到了日本，从事造园工作。这是一个身体有残缺、外貌丑陋的人，却因有造园之术，而在日本受到礼遇。他设计了蕴含须弥山概念的庭园。这个时期，很多日本庭园都是由外国人设计的，据《日本书纪》记载，齐明天皇三年（657）、齐明天皇五年都有新罗人到日本建造庭园，所造园内都建构有朝鲜半岛传来的石造建筑物以及中国风格的桥，用以招待外来宾客、举办宴会。

奈良时代造园人的名字基本无据可考，也没有相关现场设计施工的记录。但是从《怀风藻》《万叶集》等古书的记载中大致能推断当时的庭园主要是由贵族亲自主导设计，他们也以此修理平城京的自然地形与泉池，参与施工的还有中级官吏以及手工匠人。这个时期的庭园营造并非按照日本的传统，大部分还是借用了外来的园林意象和造园手法。

平安时代前期，关于造园人的相关记录仍然非常少。在迁都京都之前，京都的庭园里有过利用地下水源的记载，但还达不到需要聘请专门造园人进行设计的程度。[1]造园人的记载零星分布于文献中，真实作用也未可知，如巨势金冈，他是平安初期的宫廷画家，不仅是神泉苑监造，还指导设计了嵯峨院大泽池中的立石。此外，还有关于源融、源高明、藤原良房等当时著名造园人的记载。

到了平安时代后期，有庭园建制的建筑包括藤原赖通设计的高阳院（图1）和平等院、藤原实资的小野宫、橘俊纲的伏见山庄、白河上皇的初期鸟羽殿、后白河上皇的法住寺殿、一乘院慧信僧正的净琉璃寺等。同造园相关的人有延圆阿阇梨、皇后宫大夫源师时、德大寺法眼静意、伊势房林贤等，他们的名字与著名庭园一同被保留下来并传承至今。平安时期的文献中有关庭园建构的文字记录开始越来越多，且专门指向贵族和高位者的营建以及僧人造园的事例。

---

[1] 森蕴『日本史小百科・庭園』、近藤出版社、1984年。

图1　《(高阳院)驹竞行幸绘卷》局部

第三章　日本造园古籍的书写与传承

二、平安时代后期的贵族和仁和寺流造园

平安时代后期，由于庭园建设逐渐变得更加正规化，尤其是都城土地关系固定，皇室和公卿以下的宅邸中也开始出现各种庭园。根据《续日本纪》延历四年（785）三月的记录，桓武天皇在岛院举办宴会时，让文人们创作曲水诗。《日本后纪》中记载，坂本王被任命为园池正。这是自文武天皇大宝元年（701）以来，主管苑园、池塘、种植、蔬菜和果树等事务的官职。此职位包括一位园池正、一位佑（六品以上）、一位令史（从七品以下），还有六名使部和一名直丁。皇室在各地建立了多个苑池之后，逐渐形成了对这些官职的需求。而后，此职位在宽平八年（896）由宇多天皇并入内膳司。[1]

造园仍是一种专业性很高的文化活动，像其他艺术领域一样，有严格的传承脉络和谱系。造园人仍然以贵族和禅僧为主，继承人可以获得较为清楚的技法手段和传承路径。以《山水并野形图》为例，文末所列造园人从增圆僧正开始，传承给45人。所列之人很多是贵族之后，如第16位延圆阿阇梨是一条摄政伊尹的孙子，义怀中纳言的儿子；第17位俊纲是宇治关白藤原赖通的儿子，被称为伏见长者；第18位是知足院入道富家殿（关白忠实）；第19位是法性寺殿（关白忠通）；第20位德大寺法眼静意是京极殿（关白师实）的儿子等。

此时，造园和欣赏庭园艺术逐渐成为兴盛的社会现象。造园人中最值得关注的就是延圆阿阇梨。《作庭记》中有"延圆是得到过

---

[1] 重森三玲『日本庭園史図鑑 第1卷：上古・飛鳥・奈良・平安時代』、有光社、1938年。

真传的人"的记录。据森蕴考察，延圆是一条摄政伊尹的孙子，藤原义怀的第三个孩子，因早年进入佛道，擅长绘画，故名绘延圆阿阇梨。他曾在法成寺药师堂的柱子上绘写观音经，还在该寺金堂上画过一丈六尺的站立佛像。延圆的名字也经常出现在藤原赖通高阳院营造笔记的文献中。治安四年（1024），天皇驾临高阳院，延圆还在天皇的御座屏风上作画。他因擅长绘画、善于造园，受到藤原道长和赖通二代的重视和喜爱。不仅如此，在《小右记》[1]中有一条治安三年的记录，记载着"建造能手——延圆"和"延圆是'画风风流之人'"。

其次是橘俊纲，他是藤原赖通的庶子，他的母亲与赞岐守橘俊远再婚，所以有一段时间改姓橘，后作为赖通之子入籍藤原家族。他曾出任近江守、修理大夫，居住在日本京都市南部的伏见地区，所以也被人称作"伏见修理大夫"。他既是诗人，也是文艺评论家，同时还是一位非常优秀的庭园设计者。橘俊纲少年时代一直陪伴在父亲藤原赖通左右，经常与父亲一同出现在高阳院、平等院以及其他庭园的建造现场，能听到父亲关于建造庭园的经验之谈。《作庭记》就是他结合自己的建筑庭园体验，倾听身边亲信关于典故之学[2]的意见，加上平时积累的口传禁忌事项，整理融会贯通之后写出的著作。

德大寺法眼静意是从藤原忠通处获得真传。在《长秋记》长承三年（1134）十二月九日条的记载中，有"德大寺法眼在世间受到重用，但他是家族显赫、品德高尚的人，而且在仁和寺的御堂（法金刚院）立石理水的方面，功绩尤为重要"。他还与源师时一同参

---

[1] 平安时代的公卿藤原实资的日记。全61卷，以汉文写就，也称《野府记》。
[2] 典故之学：研究历代朝廷或武士礼仪、典故、官职、法令等的学问。

与了鸟羽殿的庭园建造。在《山水并野形图》的系谱中，他的名字前有红笔写的"仁和寺"。根据《仲资王记》的记载，仁和寺有一本名为《山水之条》的造园秘传书，世代相传。因此，仁和寺被认为能培养出石立僧，开始有了"仁和寺流"之说。德大寺法眼静意则被认为是石立僧的鼻祖。

从德大寺法眼静意处得到《山水并野形图》真传的是"琳实"。学者们认为，"琳实"应该就是有记载的"林贤"。吉田经房的日记《吉记》承安四年（1174）二月十六日条有关于林贤的记载："接下来是向显真僧都小堂致敬，号为龙禅寺，建造者是伊势公林贤之等等。地形情景犹如三个水壶被缩小，正对着瀑布水眼。一旦凝视，宛如能洗净六根。"伊势一族是日本的名门贵族，伊势林贤精于造园，尤其是泷石组的营造广受认可，最著名的就是法金刚院的泷石组（图2），三千院的细波泷石组等。

得到林贤真传的是静空。《山水并野形图》中，他的名字是静空（号阿阇梨）。《圆城寺传法血脉》中有关于他的记载。据《吾妻镜》建久三年（1192）的记载，源赖朝在镰仓二阶堂地上兴建永福寺（图3）的时候，专门邀请了静空的弟子到现场指导。由此可见，一直到镰仓初期，静空在庭园营造上仍发挥着重要作用。

到此为止，具名的造园家基本都出自皇室和贵族的家族中，从庞大的公家藤原家族子嗣开始，到皇家门迹[1]仁和寺的核心成员，造园人都有着尊贵的出生和高超的文化修养。尤其是仁和寺石立僧们，他们受神社和寺院的委托，以造园为兼职，技艺高超、独具匠心，建造的庭园被皇家和寺院记录了下来。归于他们名下的庭园也

---

[1] 门迹：一种寺院的等级，指皇族或公家担任住持的特定寺院，或者指住持本人。

图2　法金刚院泷石组

图3　二阶堂永福寺泷石组

很多，如平野神社的水石庭、南禅寺南禅院庭园[1]、内山永久寺中的沈石组等。造园可以说是一项垄断的工作，贵族、公家以及门迹寺院中文化修养的垄断，技法传承过程中仅父子、法脉师徒间的垄断，以公家日记为例的文字记载和传播上的垄断等。

三、中世的将军与禅僧造园

从中世镰仓时代开始，日本原有的传统基本上是被打破了。武家政治成为中心，新兴力量在各个方面崭露头角。在宗教方面，源空创立了净土宗，日莲创建了日莲宗，禅宗也出现了新的发展，带来了宗教改革的冲击。在建筑领域，如俊乘坊重源（1121—1206）等人创作了天竺样、唐样等创新风格；绘画方面则引入了宋元墨画；在庭园方面，嵯峨流一派也在当时创造了新的庭园样式。

在镰仓时代前期，造园依然保持着与上一时代相同的特点和习惯，仍以皇室、贵族为中心，京都和镰仓都遍布庭园。如后鸟羽上皇在京都市内遍寻有名的、有自然泉水的官宦人家宅院，并将其收回，改造成自己的住所。贵族藤原良经（1169—1206）的名字出现在《作庭记》中的卷末，有"后京极殿亲笔书写，需秘密保存"。藤原良经是镰仓时代初期文化界的泰斗，因为住所在京都后京极，又被人称作后京极殿。藤原定家（1162—1241）的名字在藤原良经之后，他也曾为藤原良经宅邸造园贡献过力量，也参与建设后鸟羽上皇的水无濑殿、西园寺公经[2]的北山殿（即鹿苑寺的前身）等大庭园的建造。

---

[1] 南禅院：本是龟山上皇离宫松本殿遗迹。
[2] 西园寺公经，日本平安时代后期至镰仓时代初期的公卿和歌人，西园寺家出身，从一位太政大臣。藤原定家的妹夫。

室町将军们附庸皇家贵族品位，营造庭园更甚于后者，六代将军足利义教建造了万里小路殿和室町殿的庭园，八代将军足利义政建造了高仓殿和东山殿的庭园。不论哪个都堪称日本历史上著名的庭园设计。由于将军喜欢庭园，身边辅佐的重臣们为了迎合其兴趣，也争相营造庭园。细川管领的居馆庭园和伊势贞宗的北小路室町殿庭园等都是其中优秀的代表作。

中世最重要的造园群体是大量兴起的禅僧，代表人物是梦窗疏石，他于建治元年（1275）出生在伊势国，他的父亲出自宇多源氏家族，母亲出自平氏家族。弘安六年（1283），他在甲州盐山的真言宗僧人空阿上人处出家。后从大和国内山永久寺奔赴南都，接受具足戒，永仁二年（1294），他决心转入禅宗门下，奔赴京都建仁寺，归入荣西[1]禅僧门下。永仁七年，他跟随从中国到日本的僧人一山一宁[2]参禅。在转投禅宗门下的第十年，受师父高峰显日[3]印可，由于梦窗疏石的佛学修养高深，高峰显日多次称赞他为"西来的旨意"。

梦窗疏石有很多造园的事迹流传。应长二年（1312），他在甲州建造了龙山庵，两年后，又将该建筑物拆迁重建为净居寺的僧堂。而后，他从远江国去往美浓国长濑山，赞赏当地地形为"山水天开，图画幽境"，在此处建造草庐，在草庐的匾额上题字"古溪"。正中二年（1325）春，梦窗疏石幽居于京都东福寺退耕庵，

---

[1] 荣西（1141—1215），渡宋僧，将茶文化带到日本并发扬光大。
[2] 一宁（1247—1317），本姓胡，号一山，浙江台州临海人，元朝临济宗的僧人。元成宗大德三年（1299）出使日本，留而未归，在日本成为临济宗大师，开创了五山文学。去世后，日本朝廷追赠"一山国师妙慈弘济大师"称号。
[3] 高峰显日（1241—1316），镰仓时代后期临济宗僧人。后嵯峨天皇的第二皇子，讳号显日，字高峰，谥号佛国禅师等。

主持南禅寺。相传南禅院庭园边的泷石组是梦窗疏石与有缘之人一同建造的。不久之后，梦窗疏石又离开了京都，沿着纪州熊野古道，登上那智山，从伊势回到了镰仓，在二阶堂永福寺旁建造了南芳庵，过上了隐居的生活。嘉历二年（1327）三月，二阶堂道蕴成了布施者[1]，为梦窗提供了锦屏山瑞泉院。第二年，他在院内建造起了观音堂，在山顶建造了遍界一览亭，后来此处改名为瑞泉寺。

元弘三年（1333）五月，镰仓幕府破灭。六月，后醍醐天皇从隐岐国回到京都，他命足利尊氏将梦窗疏石召到京都。七月，将临川寺交由梦窗疏石管理。《临川家训》中写道："三会院东侧建筑起了一些小山水。梦窗疏石在该寺本堂东侧，营造了一些小假山和小泉池。"庆安时期（1648—1652）的《洛中洛外图屏风绘》和《都名所图绘》中也有关于此处风景的记载。该寺的竹林中仍保留了小池塘和小山丘遗址。还有足利尊氏的住宅——等持寺庭园，虽然是按照足利尊氏指示建造的，但是内部的池水、园石以及瀑布组合很有可能是梦窗疏石设计的，《荫凉轩日录》有"此泉水石头是开山亲手立起"的记载。

梦窗疏石传承至今最有代表性的庭园是西芳寺庭园和天龙寺庭园。此后他就成了人们争相模仿的造园人，他的庭园也成了禅宗园林的范本。江户时代，很多秘本作庭书就以梦窗疏石为名，传承其造园技法。

室町时代造园禅僧代表还有梦窗疏石的法嗣普明国师和中任和尚。据《满济准后日记》记载，中任和尚参与设计了醍醐寺金刚轮院，也即现在的三宝院、室町殿等。据《荫凉轩日录》记载，禅僧

---

[1] 布施者：佛教用语，僧人对布施的信徒的称呼。

季琼真蕊[1]、龟泉集证[2]等五山僧人也有相关造园理论发表。

除了禅僧之外，此时还出现了大量辅助禅僧造园的工匠，他们因居住在河滩地带或居无定所而被称为"河原者"以及"散所"。他们承包了僧侣手下所有辛苦、肮脏的体力工作。但由于日积月累地工作，积累了丰富的施工技术经验，他们的意见也逐渐被上层社会所接纳，地位、待遇因此提高。此时僧侣们的日记也丰富了起来，有关造园的记载在僧侣日记中频繁出现。

僧侣造园工匠中最有代表性的人物是善阿弥。善阿弥的出身即为"河原者"，但他的造园技术高超，深受八代将军足利义政的喜爱，而被提升为"同朋"，并授予阿弥号。善阿弥于至德三年（1386）出生，文明十四年（1482）卒，享年97岁。他的业绩一直到他晚年以后才渐渐被人所知晓。

善阿弥非常善于利用小石、小木建造小景山水，正如南宋山水画中所表现的"残山剩水"的景观。他频繁地出现在造园现场，指导造园，这些都被记录在了《荫凉轩日录》《鹿苑日录》等诸多文献里。他参与了京都的室町殿，相国寺塔头的荫凉轩、睡隐等庭园的建造。根据《大乘院寺社杂事记》，宝德三年（1451）南都兴福寺大乘院门迹的庭园被大火烧毁，善阿弥受到当时的门迹寻尊大僧正的邀请，移居南都以维修庭园。从宽正六年（1465）到去世之前，他在造园界一直都十分活跃。在善阿弥死后11年，一些记录

---

[1] 季琼真蕊（1401—1469），播磨人，俗姓上月，号松泉、云泽，临济宗僧侣。自幼出家，参禅于相国寺云顶院叔英宗播（？—1441），为其法嗣。继任云顶院住持，并迁任相国寺荫凉轩、天龙寺之住持。相关生平纪事，参见〔日〕市古贞次编纂『国書人名辞典』第2卷、岩波書店、1995年、19页。

[2] 龟泉集证（1424—1493），别号松泉，室町时代后期临济宗一山派的僧人，担任相国寺塔首鹿苑院内的荫凉轩主（荫凉职）。

仍出现了善阿弥的名字。据推测，这应该是第二代善阿弥，也就是善阿弥的儿子小四郎，有的记录中称其为"小善"。另外，《鹿苑日录》中记载，初代善阿弥的孙子又四郎（小四郎之子），也是十分优秀的造园者。室町时代中期，也就是东山时代，庭园文化集中体现在足利义政的东山殿。为造此园，足利义政招揽大批造园能人，收集各地名石美木。由此带来的沉重苛捐杂税也成了室町晚期应仁之乱的导火索。在应仁之乱后，京都如同荒野一般，一条兼良[1]等京都一流文化人都被迫迁离，逃避至奈良。中世京都的造园也因此停滞，大量精美的庭园建制也遭遇了极大损坏而难觅其踪。

中世造园人群体相较于古代有了极大的扩大与不同。首先，体现在为日本带去中国禅宗文化的禅僧群体。中日禅僧的交往、大量禅僧在民间的授道，使文化交流不再局限于日本原有寺院等级森严的路径中，而开放到了普通民众僧人。其次，禅僧"不立文字"的授道方式使得庭园营造与自然更加紧密，但格式却更加自由，造园人独特的艺术观点与个性得以在实践中阐发。再次，将军们对禅宗文化推崇所兴起的武士阶层造园之风，使得大量来自底层的造园人也可以因高超的造园技术晋升上层阶级而无身份之虞。造园之风的兴盛，造园人群体的扩大，使得中世庭园在承续了前代贵族造园的优秀传统之外，发展出了多种丰富的特色，尤其体现在禅宗造园上。中国江南地区禅林制度的引入，对禅僧生活方式的学习，对禅宗寺院庭园形式的模仿，成了这个时代造园的主流，深刻影响着后世的书院庭园和茶庭的营造。

---

[1] 一条兼良（1402—1481），号桃华老人、三关老人、东斋，法名觉惠。日本战国时代初期关白、文学家，后因以太阁身份出家，又被称作一条禅阁。兼良汉学水平非常高，且著述颇丰，要之则有《日本纪纂疏》《樵谈治要》《尺素往来》等。

四、战国时期的茶室庭园和造园家们

战国时期也指安土桃山时期。弘治三年（1557）十月二十七日，正亲町天皇登基，次年二月二十八日改元为永禄，标志着桃山时代的开始，一直到大阪之役，丰臣氏灭亡的元和十年（1624）结束。前期，织田信长平定各国，进入京都，并开始建造二条城及其庭园。细川家族进贡了鼎鼎大名的庭园名石"藤户石"（图4）。而后，织田信长又借鉴二条城的庭园，构建了安土城的庭园。

丰臣秀吉接替织田信长之后，开始营造聚乐城，为了邀请天皇到来，他在聚乐城也建造了宏伟的庭园，移置"藤户石"于此。而后这座庭园被拆除，大部分庭石被移往伏见城庭园，藤户石也被运往醍醐寺三宝院庭园。也是从这个时候开始，原来只有书院庭园的情况下，茶庭开始发展。茶庭在天正（1573—1593）年间以后成了日本庭园的重要组成部分。这背后离不开当时的茶人，比如利休以及宗休、宗久、宗堪等人的作用。丰臣秀吉对茶事的热爱也在其中推波助澜，他曾拜千利休（1522—1591）为师学习茶道。

千利休在中年之前所居住的茶室雅居多沿袭其师父武野绍鸥（1502—1555）的风格。晚年时，他的设计展现了自己独特的茶道观。从《利休家之图》和《聚乐宅绘图》中可见，他的茶室空间继"四叠半室"[1]作为主要特征之外，还配置有椅子、厕所、栅栏门、井户等设施。根据表千家所藏的《茶室指图》所示，千利休茶室的露地庭园有踏石路、鹅卵石路、篱笆、双开板门等设置。

---

[1] 四叠半室：早期的草庵风茶室被认为是四叠半的大小。东山的慈照寺（银阁寺）内的东求堂同仁斋（建于1486年）是一个四叠半的书斋，被视为草庵风茶室的起源。此外，据传村田珠光将一个十八叠的和室分成四部分，建造了四叠半的茶室。即使在今天，一般也将四叠半以下的茶室称为草庵风茶室。

图 4　藤户石

利休的茶室露地庭园设计不只局限于地形和设施，搭配的庭园树木也十分考究。《茶话指月集》记录了利休的一句话："据说，落叶堆积不扫去，正是高明之举。"有人认为，利休是引用了平安末期诗人西行的"橡树的叶子不变红便已飘落堆积，深山寺院的道路因此显得格外寂寥"之意来营造园中落叶。利休将树下的树叶收集起来，清理干净，然后再均匀地洒落在树下，仿佛是自然落下的样子。这一种做法更像是以极致的手段来营造自然界中并不存在的、理想的状态。利休茶庭的营造从模仿自然场景转向了从内在对自然有所要求的理想场景上。现存山崎妙喜庵待庵茶室是最为可信的利休作品，在茶室庭园中可以看到他对远处规模壮阔的淀川的借景运用。

古田织部（1544—1615）是利休的得意门生，更是热衷于茶道和茶庭设计。古田织部忠实继承了利休"与众不同"的精神，与利休的静谧相比，织部的风格强调动态、破败的美。他精通各种艺术门类，包括花器、茶器的创作等。在当时，得到一件织部的作品足以象征地位。利休死后，古田织部获得了"天下第一茶汤名人"的美称。他先后受到织田信长、丰臣秀吉和德川家康的重用，《武江藩邸记》和《小笠原秀政年谱》等文献中有关于他的记载。织部的庭园营造包括了庆长十四年（1609）修建的江户和田仓邸的茶室庭园、庆长末年伊势神宫内的庆光院客殿，以及代表作燕庵茶室庭园等。

古田织部造园的特点是喜欢在天然踏脚石和叠石的基础上，使用切割成长方形的长条石板。《茶谱》上有关于他铺踏脚石的记载："古田织部使用石头，有白河切石，长约六七尺，或者有八九尺。石头用两块耳石拼接，外围使用摄州御影石拼接，中间填入碎石土。"[1]由此可知，古田所铺设的脚踏石主体部分有2～3米的长度，且为保持其水平状态，在踏脚石周围增加了许多保持稳定的辅助小石，如御影石[2]。古田织部也重视使用落叶来装饰庭园。他首先在庭园里种植常绿树，然后在地上铺上松叶。《宗春翁茶道闻书》中有"织部流的松叶如何，如同毫无混杂地，整齐地铺设着"的记载。[3]

跟古田织部有关的庭园构筑还有织部形灯笼（图5）。这种灯笼与神社和寺院的献灯不同，从造型上来看，没有印度和中国的佛教传统造型中的宝珠、露盘、莲花座台、格子换气孔、连珠等装饰。最显著的特征就是没有台座。有时灯笼上还会刻有天主教的文字。这种灯笼比一般的献灯更适合庭园使用，但是否为古田织部的设计还有待考证。

五、江户时代的造园集团

江户时代的政治中心归于德川氏，因此以德川氏为中心的各大名庭园往往与其有某种关系。此时的寺庙庭园、町人庭园也得到了长足的发展。德川氏关心各社寺的修理和建设，如知恩院庭园、南禅寺方丈庭园等。另一方面，各大名领地的寺院庭园，如孤篷庵庭园、慈光院庭园、青岸寺庭园等也得到了发展。一些大名的私人府邸庭园如蓬莱园庭园、小石川后乐园、冈山后乐园、栗林公园、天赦园庭园、彦根城乐乐园等也建造起来。

在江户初期的茶庭体系中，千家为首的利休派直系茶人构筑了

---

[1] 森蕴『日本史小百科・庭園』、近藤出版社、1984年、37页。
[2] 御影石：指花岗岩，因为神户市的御影地区作为产地而闻名。它具有坚硬、抗压强度和耐久性高的特点，同时外观美丽，常用于建筑物的结构和装饰。
[3] 森蕴『日本史小百科・庭園』、近藤出版社、1984年、37页。

火袋六角唐草立波的形态

左右松竹

图5 古田织部形灯笼

草庵茶庭的传统，而书院茶庭的谱系则主要由古田织部与小堀远州两个系统所继承。这两种风格迥异的造庭范式，共同塑造了这个时代庭园创作的双重脉络。江户时代草庵式茶庭大体上遵循了桃山时代利休的样式和技法。书院式茶庭以修学院离宫、桂离宫等为典范起点，延伸至诸藩大名的别邸和禅宗寺院。这种形制讲究精巧的技术和考究的细节，创造出技术本位的庭园。除了这两大风格的茶庭之外，还有以文人墨客为主的个人茶庭，他们根据草庵的样式，将当时儒家文化融入其中，进行了中国式庭园的创作，如冈山大名庭园小石川后乐园，以范仲淹《岳阳楼记》中"先天下之忧而忧，后天下之乐而乐"为主题创作。园中景致以汉诗题名贯穿。京都小型庭园诗仙堂也以汉诗文的意境，营造文人隐居之所。

古田织部的弟子小堀远州（1579—1647）是造园家中最为出色的一位。他又名小堀政一，是近江国小室的藩主，元和九年（1623）被任命为伏见奉行。他除了造园，还精于茶道，精通茶道器具的设计与鉴定。庆长五年（1600）开始记录的《小堀家谱》中，就有很多关于小堀远州参与朝廷建筑和庭园工程的相关记录。他参与设计的建筑包括庆长十一年的后阳成院御所，庆长十八年开始建造的天皇宫殿，元和四年至五年（1618—1619）宫殿的庭园以及方池的设计，宽永十八年（1641）的天皇宫殿、后水尾院东福门院的御所等。他参与的庭园设计有宽永二年二条城二之丸庭园的改造、宽永六年江户城新山里茶室庭园和京都的金地院、宽永十五年东海寺等。除了营造迎合统治者喜好的建筑和庭园，他也在自己宅院以及个人之托的设计作品中展现了自我风格，如京都伏见和小室城的旧宅、小堀家的隐居之所、京都大德寺孤篷庵等（图6—8）。

小堀远州的成就不仅在于其个人能力，还在于他能聚集起一批

图6　金地院鹤龟之庭

图7 二条城二之丸庭

图8　大德寺孤蓬庵

忘筌间的露地庭

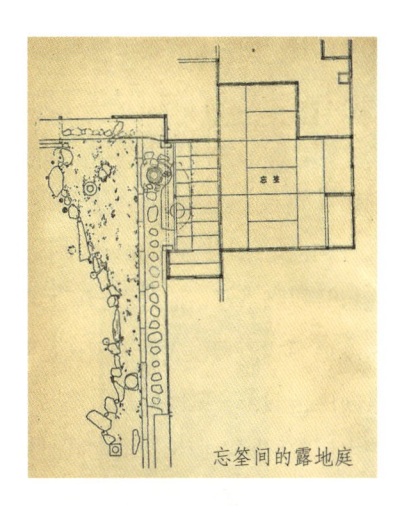

第三章 日本造园古籍的书写与传承

有造园才华之人辅助其造园,如村濑左介帮助小堀远州负责金地院茶室庭园的植物栽种、方丈南院的建造等。另有名为"贤庭"[1]之人,也是远州的下属,专门修建皇家居所、仙洞御所,有时他代表远州到加贺藩前田家的老家进行庭园修建等工作。还有谷口九右卫门和铃木次大夫等人也是远州身边的修庭好手。

小堀远州晚年时腿脚不好,他的造园集团中有很多后辈的成就超过了他,如山本道勺和道句等人。道勺在宽永六年(1629)修建江户城内西之丸新山里的茶室庭园,在万治四年(1661)负责改造德川赖宣的江户上屋敷庭园。道勺与道句同时期出现在庭园建筑史中。[2]据《茶人大系谱》记载,宽永二十一年,道句修建了酒井忠胜的牛迁山庄的庭园,这是当时为迎接将军而准备的。道勺和道句的关系文献中并没有详细记载,可能是父子或兄弟,也可能就是同一人。

小堀正春是小堀远州同父异母的弟弟,也是当时重要的造庭家。在小堀远州去世之后,原本由远州负责的皇家仙洞御所的工作都交给了小堀正春。另外,他能如此深入参与朝廷建筑修建很大原因上也同他与当时主导皇室修建的官员小川坊城俊昌的女儿结婚有关。小堀正春参与设计了桂离宫的第二期工程,以及修学院离宫的建造。据《大云山志稿》记载,小堀正春主导营造了高槻市普门寺的庭园。普门寺的庭园为枯山水风格的庭园,内部的石组以及石桥与桂离宫松琴亭西面的天桥立的设计手法非常相似。

据《桂御别业之记》[3]记载,参与桂离宫庭园建造的人还有玉

---

[1] 贤庭:最初名为与四郎。庆长二十年(1615),后阳成上皇称他为"天下第一修庭名手",赐号"贤庭"。
[2] 森蕴『日本史小百科·庭園』、近藤出版社、1984年。
[3] 据森蕴考察,《桂御别业之记》(1647)是唯一一本关于桂离宫营造的笔记。

渊坊，他是日莲宗妙莲寺的僧人，在万治年间（1658—1661）参与了大量朝廷建筑的修建。据《华顶要略》[1]记载，他也在宽永末年参与了知恩院建设。

参与桂离宫施工管理的人还有平松可心（1624—1681），据《交野家谱》记载，他是朝廷西洞院时庆的小儿子。宽文年间（1661—1673）出家修行，号可心器水。他最初侍奉在近卫信寻的身边，后来成为后水尾上皇的殿上人（被准许上清凉殿内殿上间的人），得到器重，开始参与茶室庭园设计以及庭园工程建设。他和小川坊城俊昌一样，是修学院离宫的修建工程中的关键人物。

江户时代的造园家彼此间有着兄弟、师徒、上下级等多重关系，他们的造园不再是个人行为，而是有着交错复杂的集团关系，有相似的手法延续，能前后承接同一项工程等。也是从江户时代开始，各个阶层的人都自由地表现出对庭园的兴趣，造园书籍得到了广泛传播。诸如《嵯峨流庭古法秘传之书》《山水极秘传书》等，虽都有标记为应永二年（1395）的后记，但大部分造园书被认为是江户初期的手写本，包括《相阿弥筑山山水传》《筑山庭造传（前编）》《余景庭作传》等，都是当时造园书的典型，被广泛参照。造园人重新整理了传世造园秘传书，并加入了当时的新说法，插入了古庭园的图绘，以解释各种样式和技法，成为一般庭园爱好者的指南，受到社会的热烈响应。

---

[1]《华顶要略》：位于比叡山延历寺下的三大门迹之一，京都青莲院的寺志。该寺志由同院第29世门主尊真入道亲王指令，坊官进藤为善编纂。编纂者在享和三年（1803）写了自序，之后直到幕末时期天保五年（1834）到弘化三年（1846）持续进行补充。全书共150卷本纪和49卷附录以及1卷首卷，总计200卷。

余 论

纵观日本古代造园人的传承以及造园古籍的书写与保存，我们可以看到，日本古代造园文化一直集中在以皇室、公家、贵族为代表的群体中，直到中世，扩展到以禅僧为中心的寺院中。尽管大量造园禅僧有着贵族和公家的身份背景，但造园活动开始注重满足大众需求，并承担起文化传播的作用，这标志着园林艺术从私人空间向公共文化领域的转变。能够实施造园和技法传承的群体有着严格而秘密的路径，非一般人所能。正如大量造园古籍中所强调的，没有被文本所记录的"口传"内容才是秘传的关键。文本记载了造园核心思想的一半，而"口传"部分是另一半。艺术"口传心授"的特征，必不得使后人仅依据文本能获得造园观念和技巧的全部奥义。人与人的接触和社会关系的链接与发展构成了考察园林这门艺术的关键。日本造园古籍的书写与造园人的技法传承、造园流派的发展密切相关。在如今仅存少量的造园文本与庭园实存的背景下，造园人的人物家世，甚至性格特征都可以作为造园古籍书写研究、园林特征辨析的辅助材料。虽然这并不能为造园古籍的研究提供严密的论据，却能建立起对于历史更完整的想象，在理解造园观念和技巧意趣上具有不可或缺的价值。

第四章　宋元渡日僧人的山水庭园营造与中世造园影响

一、日本中世禅宗庭园研究综述

12世纪末，日本进入了镰仓时代（1192—1333），直到德川家康在17世纪初建立了江户幕府，是历史学界所称的日本中世，延续了400多年。中世早期庭园营造和中晚期有明显不同。中世早期，即镰仓时代，庭园的兴盛跟禅宗文化在日本的传播关系极大，远超其他因素，这也是当时日本主流的文化背景。

森蕴所著《中世庭园文化史》广泛考虑了文献资料之外的庭园遗址现场，对以奈良兴福寺旧大乘院庭园为代表的中世庭园进行了深入研究。飞田范夫的《庭园的中世史——足利义政和东山山庄》以足利义政庭园营造为切入点对中世庭园进行了探讨。奈良文化财研究所小野健吉的《中世庭园史的概观和研究的现状》阐述了从中世镰仓到南北朝，再到室町时期，京都、镰仓等地庭园发展的概况，论及将军宅邸庭园、禅宗庭园、梦窗疏石造园等内容，但由于篇幅有限，都没有完全展开。小野氏的文章还对当下的研究现状进行梳理，并提出由于日本庭园研究者队伍薄弱，有必要进行多学科的研究合作。奈良大学的盐出贵美子《镰仓时代绘卷描绘的庭园》

考察了13世纪日本绘卷,如《(高阳院)驹竞行幸绘卷》《春日权现验记绘卷》等,认为将绘画作为历史资料能很好地理解庭园的价值。绘画不仅可以考察庭园主题意义,也可以用来理解当时所描绘事物的意义。她所列举的案例以贵族、将军的庭园为主。国立历史民俗博物馆玉井哲雄的《镰仓时代的建筑和庭园史》以平泉庭园为切入点,展开从建筑到庭园、从宅邸到寺院的讨论,研究其在镰仓时代发生的变化。该文不论从研究内容,还是研究方法角度都具有一定的新意。史迹足利学校事务所大泽伸启的《镰仓时代前期关东地区的庭园》从考古学以及园林营造手法分析等角度,重点阐述了从平安时代到镰仓时代庭园所经历的变化。国士馆大学秋山哲雄的《文字史料所见镰仓的庭园》首先确认了考古学者认定的庭园要素术语,并将术语作为线索,从《吾妻镜》《明月记》等文字史料中探寻镰仓庭园的特点。

关于禅宗庭园的研究,中国学者陈植曾写到梦窗疏石"创建了许多禅宗寺院,被后醍醐天皇授予'国师'称号,因为他在茶道和造园艺术方面表现出色,最终创立了日本的茶道和园林艺术"。陈植也引用了梦窗疏石在他的语录集《梦中问答》(1344)所记:"唐人常有的习惯是爱喝茶,目的是通过消食和散气来养生。我们的祖先栂尾上人,建仁寺开山荣西茶道是为'养道'之源,目的是消弭心神,解除疲惫。"道明了中国禅宗进入日本后所兴起的茶道,对日本文化艺术方面的影响甚大,尤其在建筑、庭园的营造上。

二、兰溪道隆渡日与日本中世禅宗信仰的勃兴

禅宗在12世纪成为将军们的精神依托而得到重视,在新兴的武士阶级中广泛传播,成为这一时代主流的思想文化,并从根源上

影响了社会的各个方面。在幕府统治的早期，整个镰仓时代以及室町时代的早期，禅宗渗透入将军的生活，对禅宗的接受并转换为日常生活方式，是这一时代的鲜明特征。

禅宗"不立文字"的意思是不借助文字来获得知识，通过直觉来实现顿悟。这种教旨否定了基于文字的学习，认为可以基于个体感知以及与人的接触获得悟性。激发直觉并达到觉悟有几种方法：其一是依靠前辈传授教导，即通过人与人之间的交往来捕捉人性，达到觉悟；其二则是深入探究天地自然，从自然中探索人与自然之间的关系，从自然的本质中理解，实现顿悟目标，具体表现为在树下或石上坐禅。禅宗修行者断离一切世俗纠葛，隐居山中，并认为面向自然才是通向人性的通道。这种以苦行为生活的修行方式被世俗社会广泛接受。

日本佛教在禅宗之前的主流是天台宗和真言宗，其修为都建立在佛学理论教学的基础上，需要基于文字的学习。这对镰仓武士阶层来说，具有相当大的难度。寻找更好的方法来取代这种理论学习方式是这一时代的需求，中国禅宗的出现恰逢其时。因此，对于重视习武的武士来说，这是最为便利且可取的修行之道。

宋元之际，中日两国的文化交流活动基本通过禅僧往来展开。宋代中国文化的发展已经非常完善，几乎没有任何一个东亚国家可与之比拟。日本对中国文化的憧憬和仰慕在此刻到了新的高度，大量的日本留学僧进入中国，向五山禅僧学习佛法。渡日僧人无学祖元（1226—1286）的师父无准师范（1179—1249）门下就有日籍弟子7名。而后，留学僧则更多地进入江南禅宗寺院，特别受留学僧欢迎的禅僧古林清茂（1262—1329）门下至少有33名日本学生，中峰明本（1263—1323）门下有23名，月江正印（1267—1350）

门下有27名，元叟行端（1254—1341）门下有46名。[1]日僧入宋后也大多集中在江南的五山十刹之中，如日僧荣西两次入宋，登阿育王山、天童山，访问育王寺、光慧寺还有国清寺。回日本之后，他的法系弟子到了中国也多朝拜这些名山。五山之首的余杭径山更是日僧求学参禅的大本营，俊芿（1166—1227）、圆尔辨圆[2]都曾在径山参禅礼佛。

镰仓执权北条氏认为禅宗适合成为武家政权领导者的教养途径，便招揽了大批优秀的中国禅宗僧人作为导师。这也使得北条家能够长期保持武家政权的魅力，实现了九代相承的执政，持续了百余年的治世。[3]北条时赖邀请了兰溪道隆，北条时宗邀请了无学祖元。在镰仓的禅院中，中国禅僧受到了日本武家将军的厚待和礼遇，与随行侍者一起在日本过着中国江南地区的生活。禅僧的生活方式，以及他们带来的新颖事物都对日本文化的根本产生了刺激，推动了日本文化的发展。从文安元年《下学集》[4]所收词汇中可以看出，禅语被广泛使用于人们的日常生活。中国文化的新风吹遍日本衣食住各个方面，特别是艺能领域，武士阶层迅速接受了元曲等中国艺术形式。镰仓末期到南北朝时期，鉴于武家通过引入禅宗成功地实施了政治统治，宫廷中也产生了引进优秀禅僧的想法，想要

---

[1] 康昊：《神风与铜钱：海岛日本遭遇世界帝国：1268—1368》，上海人民出版社，2022年，第144—145页。
[2] 圆尔辨圆（1202—1280），是日本的佛教僧侣，最初作为天台宗僧侣开始佛教修行。而后，随荣西学习禅宗，去往中国，成为临济宗无准师范的弟子。返回日本后，他在博多（福冈）创立了承天寺，并在京都创立了东福寺。
[3] 川瀬一馬『夢窓国師：禅と庭園』、講談社、1968年。
[4] 《下学集》：室町时代中期的百科全书式国语词典，共两卷，作者不详（序言中提到了东麓的破衲），成书于文安元年（1444）。在已知的手抄本中，最古老的是文明十七年（1485）的版本，而在印刷版本中，从元和三年（1617）开始有各种不同的版本。这部词典分为18个部分，如天地、季节、神祇、言语等，用片假名标注读音，并附有汉文注释。

使禅宗成为贵族塑造人格的手段。室町时代，日本对汉字的解读几乎都使用了中国汉唐时期的古注。直到江户时代初期，德川家康仍采用宋儒的思想作为政治思想。

兰溪道隆是将禅宗传播至日本的核心人物之一，对禅宗在日本的发展以及与禅宗相关的艺术、庭园等方面影响极为深刻（图1）。兰溪道隆作为开山祖师创建了镰仓的建长寺。该寺也被庭园研究学者认为是开启日本禅宗庭园营构的第一寺。[1]他引入了将寺庙建筑排列成一条直线的伽蓝布局，成为日后日本禅宗寺院布局的范例。[2]镰仓也以此为始，全面引进南宋禅宗的五山禅林制度，建立了镰仓五山。随着室町幕府将军回到作为行政中心的京都，禅宗五山寺院制度在京都得到了更大的发展。作为禅宗寺院的重要组成部分，禅宗寺院庭园也在日本得到广泛的接受与发展。

兰溪道隆本是南宋西蜀涪江人，俗姓冉氏。12岁在成都大慈寺落发出家，名道隆，自号兰溪。而后，他前往浙江学习，拜师于无准师范、痴绝道冲等名僧。他在临济宗杨岐派松源禅的著名禅僧无明慧性的指导下获得灌顶。兰溪道隆是因何去往日本的呢？是为了逃避当时复杂政局环境，还是被北条时赖所邀，有各种说法。有说法认为，兰溪从日本僧侣月翁智镜（生卒年不详）等人那里得知，禅宗在日本尚未盛行，决定前往日本传法。据《东严安禅师行实》记载："正嘉二年秋，念（悟空敬念）山主语师曰：'我闻西明寺殿（指北条时赖——引者）信敬禅法，遣使宋朝，请来兰溪和尚，建建长寺，镰仓一境，道化大旺，我当往见之，尔相随来也

---

[1] 大澤伸啓「関東における鎌倉時代前期の庭園」『鎌倉時代の庭園：京と東国』（平成二十三年度庭園の歴史に関する研究会報告書）、奈良文化財研究所、2012年。
[2] 小野健吉「中世庭園史の概観と研究の現状」『中世庭園の研究：鎌倉・室町時代』（奈良文化財研究所学報第96冊 研究論集18）、2016年。

图1 《兰溪道隆画像》

否。'"可见，兰溪道隆是受到北条时赖的邀请而前往日本。该书另一处提到敬念和尚在正嘉二年（1258）秋于镰仓寿福寺见北条时赖时，"（敬）念问曰：'承闻太守（指时赖——引者）专介远驰，请来建长和尚（指道隆——引者）……如何会建长禅'"，也提到此事。[1]

宽元四年（1246）冬，兰溪道隆与弟子义翁绍仁、龙江应宣等数人一起乘坐日本的船只，于次年三月抵达博多，暂居太宰府圆觉寺。在此之前，兰溪已经与京都泉涌寺的月翁法师是老朋友了。而后他前往京都，进入泉涌寺来迎院。月翁热情地接待了他，但当时寺内信奉的是以戒律为中心的密宗，并没有完全接受兰溪道隆的宋朝禅宗。因此，月翁建议他前往镰仓。兰溪到了镰仓后，首先拜访了荣西禅师所创建的寿福寺，当时的住持是大歇了心禅师。

北条时赖非常欣赏兰溪道隆，在宝治二年（1248）十二月授予他为常乐寺住持。兰溪开始管理常乐寺后不久便吸引了近百位僧人在寺内修行。由于寺院规模不够大，北条时赖便于建长元年（1249）开始筹划建造建长寺，最终于建长五年完工，并邀请兰溪担任首任住持。弘长二年（1262），禅院的伽蓝制度最终建立完整。兰溪开始向日本传授正宗的宋朝禅宗。由于北条时赖的推荐，同年，兰溪又来到京都，成为京都建仁寺的第十一世住持，开始在京都传授正宗的宋朝禅宗。

当时日本的禅宗有两种教风：一种是京都禅，另一种是镰仓禅。京都禅以东福寺的圆尔辨圆为中心，采用所谓的教禅兼修形式。京都禅之所以如此盛行，原因在于京都的佛教文化一直以天台

---

[1] 夏应元：《中国禅僧东渡日本及其影响》，《历史研究》1982年第3期，第183页。

宗为基础，尤其是九条家创立的东福寺，培养了许多本土天台宗高僧，他们本身就是贵族出身，包括上文所提《山水并野形图》中的慈镇和尚（慈圆）。因此，京都禅所讲求的天台宗和禅宗的融合在京都进展顺利。相比之下，镰仓禅则是由渡日的中国僧侣和留学僧侣引入，这引起了天台宗的强烈不满。在京都这个天台宗的根据地，不容许外国僧侣向上皇直接传授禅宗。天台宗总本山延历寺开始表现出对兰溪的敌对态度，对他传法的干预也逐渐加剧。因此，兰溪最终选择将住持之位让给随行的弟子义翁绍仁，自己于文永元年（1264）返回镰仓。当时的执政者是北条时赖的儿子北条时宗，北条时宗将最明寺更名为禅兴寺，并指定兰溪道隆为开山法师，随后又任命他重新担任建长寺的住持。

然而，有建长寺的僧众诽谤兰溪是南宋派来的间谍。据说这也是京都延历寺排外的一系列举措之一。延历寺将很多渡日僧侣——包括建长寺的首任住持兰溪道隆、第二代兀庵普宁、第五代无学祖元（镰仓圆觉寺的创立者）、第十代一山一宁等人——都作为怀疑对象。因此，兀庵普宁等人回到中国以后表示，他们离开日本的原因是"北条时赖已故，而且在日本尚未有理解禅宗的人"，但真正的原因可能是他们受到了猜疑。北条时宗被诽谤误导，将兰溪道隆流放到甲州（今山梨县）。据称，在流放期间，兰溪创建了甲州的东光寺、松岛的建长寺派瑞岩寺、信州的伊那寺和东筑摩地区的多处寺庙。尽管这些寺庙创始人的传说缺乏充分的证据，但可以显示兰溪流放时的足迹范围。

流放三年后，兰溪道隆的清白得到证明，他于建治元年（1275）获准返回镰仓，成为寿福寺的住持。然而，他再次被诽谤，又被流放到甲州。两年后的建治三年，北条时宗再次迎回兰溪，让其继续担任寿福寺的住持，并最终拜兰溪道隆为师，成为他的弟子。弘安元年（1278）四月，兰溪第三次担任建长寺的住持。当时北条时宗计划再为兰溪创建一个大型禅寺。因此，他们一起到处走访、选址。然而，兰溪道隆未能亲眼见证寺庙的建立，于同年七月二十四日在建长寺西来庵示寂，享年66岁。他被追封"大觉禅师"法号，这是中国禅师首次在日本获得封号，他墓地的无缝塔[1]位于建长寺，是关东式卵形塔的先驱作品，被评价为石雕艺术史上的杰作。

大山平四郎称：兰溪道隆尝试在日本的禅宗庭园里引进以前没有先例的"大型的立石结构造景"。这种在中国已经很成熟的以叠石为主体的庭园形式在日本的首次引入，导致了镰仓中期以后的日本造园与以前有了明显的区别。但在整个镰仓时期，日本并没有大规模庭园立石造景案例的留存和记载，其中的原因很可能是此时渡日禅僧数量和规模远没有达到能将这种新的审美样式普及日本全境的能力。直至室町时代，足利家族的推崇和模仿才得以让禅宗以兰溪道隆为源的、讲究"高远"的立石结构造园得到巨大发展。

三、以建长寺为中心的禅宗庭园的发展

镰仓时代早期，寺院造园仍然延续平安时代净土庭园的样式，如永福寺、大慈寺、成就院等。净土寺庭园的共同特点是：佛寺建筑背靠西面的崇山峻岭，面向东方，建筑前方拥有南北向宽阔的净土庭园。通过考古发掘，在镰仓时代中期之后，这种情况有了变

---

[1] 无缝塔：也称为"中国窣堵坡式塔"，因基本形象是在基座上安放一个圆形的塔体，塔体无缝，所以在有些地方被形象地称为"蛋塔"或"印塔"。

化，寺院庭园开始建在建筑物的背面。[1]秋山哲雄认为，前者可被视为古代庭园，后者可被视为中世庭园。这两者并存，正是镰仓庭园的特点，研究镰仓庭园也意味着揭示日本古代庭园与中世庭园在分界时期的特点。

镰仓净土寺院永福寺到禅宗寺院建长寺的变化，可以从存世不多的文献史料中提取。《吾妻镜》建久三年（1192）八月二十四日条中有"二阶堂地始被掘池"的记载，永福寺"地形本自水木相应所也"，表明周围环境有水有林木，非常适合建造庭园。同年九月十一日条中提到，"汀野埋石，金沼汀野筋鹈会石岛等石"中的"石"被立在永福寺的池塘中。[2]

秋山哲雄认为，源赖朝对永福寺造园从选址到实际建设都非常重视，他对永福寺怀有特殊情感。第二代源义家和第三代源实朝也经常在永福寺进行踢毽子和赏花活动，永福寺可能在镰仓时期被视为雅致的场所。

在永福寺之后建立的寺院中，也有一些庭园营造的记载。如由源实朝于建历二年（1212）发愿建立的大慈寺。《吾妻镜》建历二年十月十一日条"今日始及山水奇石等沙汰。此所有河有山，水木共得其便。地形之胜绝，恐可谓仙室欤"中，记载了大慈寺的"山水奇石"一事，提到了寺内有河流和山。同书正嘉元年（1257）九月三十日条中，还提到了最初由杉木建造的大慈寺的河堰已经改建为桧木。根据这些记录，可以明确大慈寺存在带有池塘的庭园。

《吾妻镜》正嘉元年十月一日条中，记载了大慈寺的重建工程

---

[1]　秋山哲雄「文字史料に見る鎌倉の庭園」『鎌倉時代の庭園：京と東国』（平成二十三年度庭園の歴史に関する研究会報告書）、奈良文化財研究所、2012年。
[2]　转引自：玉井哲雄「建築史における鎌倉時代、そして庭園」『鎌倉時代の庭園：京と東国』（平成二十三年度庭園の歴史に関する研究会報告書）、奈良文化財研究所、2012年。

完成的情况："今日大慈寺供养也……当日会场行事参河前司教隆真人（布衣下括）。刑部权少辅政茂（束带）等，未明参寺门奉行之，庭上池南河，自释迦堂向至丈六堂间，东西行引幔，当南门内开幔门，又西者，释迦堂西角至池河，东者自丈六堂东角至池河，各南北行引幔，各幔中央开幔门，今日供养堂塔皆为幔中，又当佛前东间池河，立三御诵经幄，自幔门并池桥上至佛前阶际敷延道……"[1]

可以看出，大慈寺的庭园中有池塘，南边有河流。"南边有池塘"可能意味着与永福寺一样，在建筑物的前面有一个带有池塘的庭园。

事实上，镰仓时期所构筑的禅宗寺院，现已全部不存。被认为是最古老的禅宗寺院圆觉寺舍利殿也仅存有禅宗15世纪前半段的风格。因为整体进行过移动，所以与庭园的关系无法考证。学者们对这些庭园的研究所依据的材料基本上是《建长寺伽蓝指图》（图2）等绘图，以及20世纪80年代开始的考古发掘成果。大泽伸启在《镰仓·南北朝期的寺院庭园的展开》中认为，在镰仓时代，虽然存在着寿福寺、常乐寺等由荣西、退行行勇、兰溪道隆等引入禅宗文化的寺院，但并未形成真正意义上的禅宗寺院伽蓝布局。真正转变禅宗寺院伽蓝配置的重要一步是建长寺的建造。

根据元弘元年（1331）的《建长寺伽蓝指图》，伽蓝建筑布局以山作背景，从谷户入口开始，总门、三门、佛殿、法堂、方丈（得月楼）等主要建筑几乎呈一条直线排列，而方丈（得月楼）的背面有一个园池，与自然山水发生了密切关系。建长寺的布局与南

---

[1] 转引自：秋山哲雄「文字史料に見る鎌倉の庭園」『鎌倉時代の庭園：京と東国』（平成二十三年度庭園の歴史に関する研究会報告書）、奈良文化財研究所、2012年。

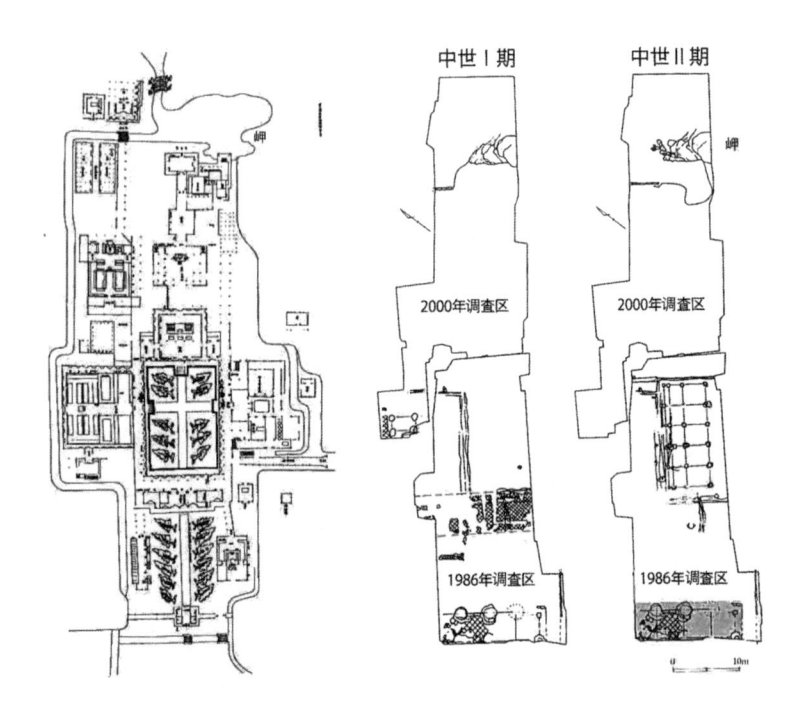

图2 《建长寺伽蓝指图》

宋五山的寺庙布局一脉相承，并且成为日本之后禅宗伽蓝的模范。

南宋宁宗（1194—1224年在位）颁布了五山制度，并制定了寺庙的十刹和甲刹等级。南宋的五山包括灵隐寺、净慈寺、径山寺、天童寺和阿育王寺。其中，灵隐寺和净慈寺位于西湖周边，径山寺位于杭州西部余杭的山上，天童寺和阿育王寺位于宁波附近的山麓。这些寺庙都坐落于群山峻岭间，寺院的营造体现出了尊重自然、表达历史以及与宗教思想结合的特点。

建长寺庭园作为转折最重要的特征体现在两个方面：一是在佛殿前设置前庭，从总门、三门到佛殿之间种植柏树（图3）。二是在位于伽蓝最后的方丈（得月楼）后面兴建泉池。将池泉置于伽蓝背后，这种布局也成为后世禅宗寺院以及庭园的重要特征（图4）。这其中的原因，一方面是全面受到南宋禅宗寺院的影响，包括对伽蓝格局的要求；另一方面受到南宋禅宗观念中对于山林环境的顺应和改造的影响。因为大部分的江南禅宗寺院建在山中谷地，将庭园置于建筑背面，可以更好地结合自然。

小野健吉将这种位于方丈背面与山脚之间的庭园称为"背面庭"，指出这是以引入禅宗寺院伽蓝布局为契机，并认为"虽然园池在一定程度上具有游赏的功能，但更应该将其视为能提供从方丈建筑可观赏的景象而进行的庭园设计"[1]。关口欣也表示，"背面庭"在南宋五山中非常特别，适应了日本的审美并得以发展，并强调了园池中凸出的"钓殿"等元素。小野氏还提到，"背面庭"的引入原因与建长寺开山者兰溪道隆在入寺前曾在京都泉涌寺逗留有关，是受到了位于东山的泉涌寺和东福寺的伽蓝布局的启发。这也

---

[1] 小野健吉「中世庭園史の概観と研究の現状」『中世庭園の研究：鎌倉・室町時代』（奈良文化財研究所学報第96冊 研究論集18）、2016年。

图3 建长寺佛殿前的柏树

图4 建长寺得月楼后的泉池

假设了京都禅宗寺庙对镰仓的影响。但笔者认为，兰溪道隆曾于杭州径山寺等地长期修行，这些具有江南山水格局的建制可能影响了建长寺的设计。

背面庭的出现与"方丈"建筑样式的出现也有密切的关系。藤田盟儿认为方丈建筑本身可能源于镰仓时代其他宗派的院家建筑或镰仓后期禅宗寺院住持的居所等，后者发源于公家住宅。禅宗庭园布局在所有建筑之后，因脱离了日常生活办公需求，而成为修行、论道的一方独立天地。沟口正人认为，《建长寺指图》（1331，图5）显示，建长寺中的二层方丈（得月楼）与中门风格的大客殿（泉殿）相连接。由此看来，镰仓将军们在寝殿造或初期书院造的住宅建筑中新加入了中国式楼阁建筑。建长寺在建长五年（1253）完成时，并没有整齐的平面形式的方丈建筑。[1]

藤田盟儿从《春日权现验记绘卷》（图6）中分析总结，此时庭园总体空间结构虽由寝殿造而来，但明显偏离了寝殿造。主屋的深处有一个中庭，这是骑马人和准备鹰狩的情景，更深处则描绘了一个宽大的庭园，其中设有泉亭和鸟舍，还有一座似乎是常御所[2]的建筑物。14世纪初的公家住宅从寝殿造的中心性结构，转变为由前侧和后侧构成的线性空间结构，将娱乐空间安排在主屋的后侧在公家社会中逐渐变得普遍。镰仓时代后期的上层武家住宅采用了类似公家的空间布局，包括将前侧作为公共空间，后侧用于娱乐和休闲。

虽然镰仓时代的庭园几乎没有完整地保存下来，但西园寺家的

---

[1] 溝口正人「中世住宅の庭園と建築」『中世庭園の研究：鎌倉・室町時代』（奈良文化財研究所学報第96冊 研究論集18）、2016年。
[2] 常御所：指平安贵族居宅中为主人设置的居住空间，也被称为常居所。最初是指内里和后院中的天皇或院的居所，因此得名。

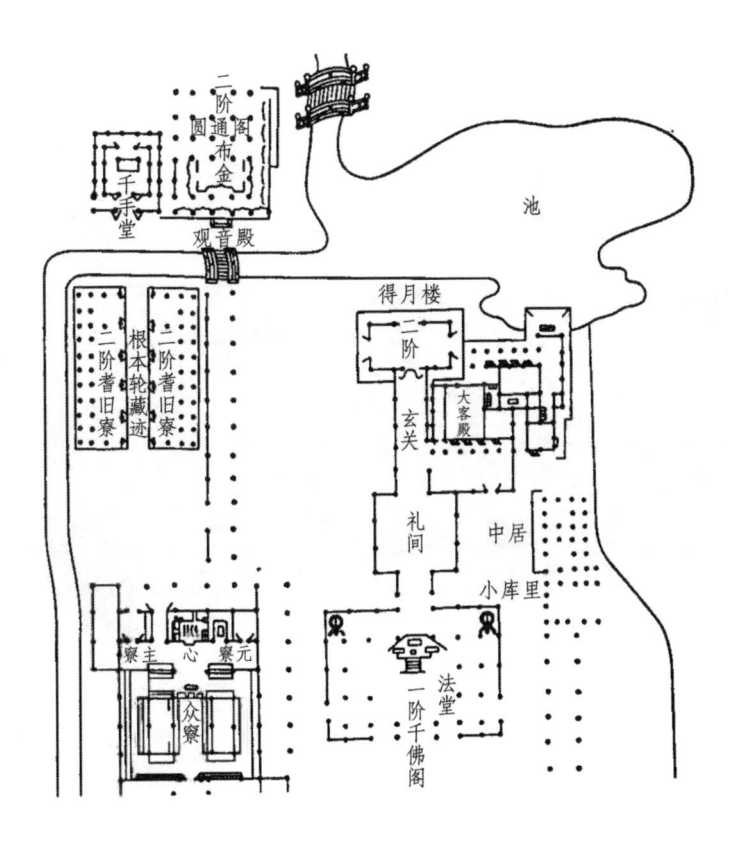

图5 《建长寺指图》北部

图6 《春日权现验记绘卷》庭园部分

第四章 宋元渡日僧人的山水庭园营造与中世造园影响

北山殿（后来由足利义满改造成金阁寺）和龟山殿（后来由天龙寺接管）等，都是以背后山脉为背景的庭园，注重利用自然地形。这些庭园在后世改造时添加了立石结构，但整体上仍然保留了镰仓时代的特点。不可否认的是，很多古老的庭园都经历了后期改造，建筑物被重建，或形成了新的样式，以适应社会生活的发展。但在寺庙等场所，由于尊重开山祖师的精神，有时会保留大致原型和大部分古老的风格。川濑一马写道："来自中国的禅僧根据自己在国内的居住惯例，结合本国的自然环境，借鉴当地公家、武家的府邸或寺院进行池庭设计。"因此，他们遵循来自中国大陆庭园中的立石手法，在日本寻找合适的自然环境，创造泉石庭园，成为一个小天地。

禅宗寺院庭园营造的另一个特点是以立石为主。平安时代的造园主要以水为主体，辅以树木和石头。到了镰仓时代，则逐渐转变为以立石为主，辅以水和树木，形成了泉石庭园的风格。在现存的遗迹中，山梨县甲斐的东光寺保留了据称是兰溪道隆创作的石庭（图7）。还有镰仓圆觉寺，跟兰溪道隆与无学祖元可能都有关系，梦窗疏石在镰仓时代晚期也在这里居住过。庭园的池塘区域原本有最引人注目的石结构，但现在那个地方新建了储藏室等建筑。梦窗疏石居住圆觉寺期间，曾住塔头最深处，背山而居幽静的"黄梅院"内，如今只剩下一座开山堂建筑，成为住持的居所（图8—9）。

自镰仓时代初期开始，因为积极引入宋代的文化，同时也引进了石匠等大量中国的技术人员，立石结构在庭园变得更加流行。

《吾妻镜》中记载，建久三年（1192）八月二十四日，"二阶堂地始被掘池。地形本自水木相应所也，仰近国御家人。召各三人匹

图7 山梨县甲斐的东光寺

图8　镰仓圆觉寺

图9　镰仓圆觉寺方丈背面庭

夫"云云。"将军家监临给。及御归之时，入御于行政之家。义澄以下宿老之类持参一种一瓶"云云。永福寺开辟池泉庭园，源赖朝对此进行了视察。

二十七日，"将军家渡御二阶堂。召静空（号阿阇梨）弟子僧静玄。堂前池立石事，被仰合"云云。"岩石数十果，自所所被召寄之，积而成高冈"云云。源赖朝召见静空（号阿阇梨）的弟子静玄，命其安排庭池中的立石。同时，由于庭园建设期间从各地收集了大量石材，这些石材堆积成山。

同年九月十一日庚辰，"静玄立堂前池石。将军家自昨日御逗留行政宅，为览此事也。汀野埋石，金沼汀野筋鹈会石岛等石，悉以今日立终之。至沼石并形石等者一丈许也。以静玄训，畠山次郎重忠一人捧持之，渡行池中心立置之。观者莫不感其力"云云。赖朝再次视察永福寺庭园建设。庭园中使用了超过一丈高的巨石，静玄指示畠山次郎重忠支撑这些巨石。重忠凭借无双的力气将这些巨石运至池中，赖朝等人对此表示惊叹。赖朝对永福寺园池的建设非常感兴趣，经常视察并指导。然而，由于静玄的庭园技艺有所不足，未能完全符合赖朝的期望。

十一月十三日"壬午，二阶堂池奇石事，犹背御气色事等相交之间。召静玄重被直之。畠山重忠、佐贯大夫、大井次郎运岩石。凡三辈之勤，已同百人功。御感及再三"云云。赖朝召见静玄，命其重新安置石块。畠山重忠、佐贯太夫、大井次郎等人的努力得到了赖朝的高度赞赏，他们在巨石搬运过程中发挥了超乎常人的力量，被誉为胜过百人之力。

同年十一月二十日"己丑，永福寺营作已终其功。云轩月殿，绝妙无比类。诚是西土九品庄严，迁东关二阶梵宇者欤！今日御台所有御参"云云。永福寺大致完工。其庭园和建筑之美堪比西方极乐净土的庄严，《吾妻镜》称其为绝妙无比。同日，政子在永福寺礼拜，并于二十五日举行了供养仪式。

类似的庭园立石构建描述在很多文章中都可以见到。由此可见，从镰仓幕府成立之初开始，有着立石结构的庭园开始流行。同样地，京都也有很多公家庭园中开始出现类似的建构。

四、作为禅宗庭园要义的"境致"营造

中世禅宗寺院庭园得以有序传承的一个重要原因是对禅宗寺院特定氛围的追求，即"境致"的营造。境致可以定义为："由禅宗寺院的建筑以及周围自然景物组成。建筑包括山门、佛殿、法堂、僧堂、方丈、僧舍等等，还包括亭子和桥梁。自然景物包括山脉、洞穴、岩石、河流、溪流等，同时也包括池塘、井、泉水以及树木。"

关于日本中世禅宗寺院的境致研究，除了庭园史外，在禅宗史、建筑史、美术史等领域也有相关内容，这些研究基于禅僧的记录、诗文、古代图像等。境致观念最初源自中国江南的五山禅宗，但由于文献材料的缺失，这一块研究在中国却寥寥无几。现比较重要的成果有，蔡敦达在东京大学的博士论文《中世纪禅院空间研究——以境致为中心》（1994），关口欣也发表于《佛教艺术》的《中国江南的大禅院和南宋五山》（1982），本中真的《关于龟山殿庭园中的眺望行为》[1]，神谷俊雄的《中世十境的展开》[2]，出村

---

[1] 本中真「亀山殿庭園における眺望行為」『造園雑誌』第47巻第5号、1984年、25～30页。
[2] 神谷俊雄「中世の十境の展開」『日本建築学会近畿支部研究報告集·計画系』第34号、1994年、1009～1012页。

嘉史、荒川爱、樋口忠彦合著的《关于天龙寺的十境和景域的研究》[1]，平出美玲在京都造形艺术大学的博士论文《关于禅宗寺院的境致与十境诗》（2015），中岛义晴的《中世纪日本的"境致"概念及其与庭园的关系》[2]等。

镰仓时代的《说教至要杂谈集》[3]提道："因兰溪道隆的到来，建长寺依照宋朝的作法建设，之后禅院的作法在天下流传开来。"宋元朝代更替的前后，禅僧相继被北条氏邀请赴日。禅院的建设从伽蓝制度到具体的建筑样式，均展示了纯正的宋风。太田博太郎认为，禅宗不论在教养、行事作法以及建筑方面，都引入了宋风。荣西的袈裟是宋风的，道元也是如此。工匠们曾前往杭州径山学习，并根据《径山寺之图》建造了高冈的瑞龙寺。

关口欣也指出："在建长寺创建时，北条时赖派遣工匠到镇江金山寺；在圆觉寺创建时，北条时宗派遣工匠到杭州径山寺。"他还提到，建长寺钟铭上写着："楼观百尺，风云密布，翠绿映衬。气势压倒四方。"反映了南宋的建筑观念，即大自然与人造景观相互抗衡。这样的境致观念也见于镰仓的寺院营建中。

中国对"境致"的描绘最早可见于禅宗文献《临济录》，临济义玄（787—867）在江西黄檗山栽种松树时，师父问他缘故，他答道："一与山门作境致，二与后人作标榜。"这一被称为"临济栽松"的故事，是僧人整理寺院境致的具体事例之一。境致所表达的

---

[1] 出村嘉史・荒川愛・樋口忠彦「天龍寺における十境と景域に関する研究」『日本都市計画学会都市計画論文集』第41卷第3号、2006年。
[2] 中島義晴「中世日本における境致の概念および庭園との関連」『中世庭園の研究：鎌倉・室町時代』（奈良文化財研究所学報第96冊 研究論集18）、2016年。
[3] 由镰仓时代后期的临济宗僧人无注一圆（1226—1312）所写，无注一圆最初学习天台宗、戒律、法相宗和净土宗等诸宗，36岁时进入东福寺，拜入圆尔辨圆门下接受灌顶，学习禅和密宗等，遍游各宗。他一生著述颇丰，该书为他晚年用和文所写笔记类文献。

观念并不一定与实际景观相符，而是表达了观念中的世界。蔡敦达引用了《五灯会元》第十三卷《洞山良价禅师》中的内容，解释说："在禅宗中，超越逻辑的直觉受到尊崇，人和自然被视为一体，物中有我，我中有物。人类可以将情感投射到山川大地、花鸟草木中，山川大地、花鸟草木也在不断向人类发问，因此人类可以通过这些来体验禅理。"[1]

禅宗教义一开始就与自然相成、相关。苏轼（1037—1101）所作的七言绝句"溪声便是广长舌，山色岂非清净身。夜来八万四千偈，他日如何举似人"常被引用。这首七言绝句是苏轼在访问庐山时，听到夜间溪水流动的声音而有所悟道的表达。也即在听溪声、看山色时，仅仅用耳听或用眼看是没有意义的，必须了解这些山水在述说什么。归根结底，这是一个人与自然融为一体的悟道世界。道元（1200—1253）在《正法眼藏·正法眼藏随开记》[2]第二十五卷《溪声山色》中也引用了这首诗，他认为：山是佛祖成为道理所在。佛祖所到之处必有水，水所到之处必有佛祖显现。

禅宗寺院对境致的营造，不仅是将寺院作为境致的中心，更是追求建筑与自然山林间的尺寸和形式关系，以应对壮丽的自然景观。南宋文人楼钥在寻访天童寺千佛阁时写下了《天童山千佛阁记》，称："果致百围之木，凡若干。挟大舶，泛鲸波而至焉。千夫咸集，浮江蔽河，輂致山中。"千佛阁具有俯仰高山大川之势，建造需要的材料也要花费巨资，日本禅僧荣西就曾为千佛阁的建造捐赠了大量良木。关口欣也在提到天童寺的时候称，为了适应广阔的

---

[1] 蔡敦達『中世の禅院空間に関する研究を：境致と中心』、東京大学博士論文、1994年。
[2] 道元著，西尾實・鏡島元隆・酒井得元・水野弥穂子校注『正法眼藏・正法眼藏随開記 日本古典文學大系81』、岩波書店、1965年。

山川自然，天童寺的山门首先采用了多层结构。日本禅宗大寺院山门选择两层双门样式即继承自南宋五山的山门形式。

境致另一个意义可能体现在对景物的题名上。景物的规模可大可小，小的时候仅是一棵树或一块石头，但却将呈现广阔视野作为目标和视角，表达自然宏大与选定微小的和谐关系，同时关注事物的风情、文化以及背后的意义，而并非仅仅景物自身。为景物题名并作十境诗成为寺院惯常的宗教活动。境致的选定通常由开山住持进行，这与南宋五山寺院中许多诗作以及题写境致由文人创作的情况明显不同。13世纪后半期开始，为风景题名的山水画《潇湘八景》被引入日本，或也是禅僧八景诗形成的原因之一。

日本僧人选定"境致"并创作十境诗是中国宗教和文人文化在日本吸收和转化的体现。飞田范夫指出，八景在日本流行是因为对中国文化的憧憬，但其根本在于利用汉字的丰富含义来追求风情。

此种说法也表明，日本在庭园营造以及题名上，普遍接受了由中国文字所建构出来的、对于自然山水的认知和把握。

日本入元僧别源圆旨（1294—1364）到宁波天童寺时，作了《和云外和尚天童十境韵》来描绘天童寺十境，包括：万松关、翠锁亭、宿鹭亭、清关、万工池、登阁、玲珑岩、虎跑泉、龙潭、太白禅居。如果将该文与两百多年前北宋文人舒亶（1041—1103）的《天童十题》进行比较，虽然二者都描绘了类似的寺院境致情景，但禅僧诗中佛教用语较多，而文人诗中较少。此外，描绘五山禅寺中阿育王寺的有《育王山十咏》《次十景韵》，描绘灵隐寺的有《灵隐十咏》和《灵隐十景》等。

平出美玲在整理禅宗资料时称，日本《扶桑五山记》[1]中记载了南宋五山各寺庙的境致。但由中国编撰的《中国佛寺志》中没有此类记载，却有许多关于风景的主题诗。由此可见，中国禅宗寺庙中，对寺庙及其周边景观进行命名并吟咏诗歌的习惯是普遍存在的。[2]《扶桑五山记》和《倭汉禅刹次第》[3]中，大致按照寺名、开山、虹梁铭、境致、诸塔、住持位次的顺序列出了各寺院的信息，这也表明，由自然构成的境致被视为了解各寺院的重要事项，是影响宗教活动的重要因素。

14世纪后半期，日本本土禅宗寺院开始自主选定"境致"并营造相关庭园景观，持续到15世纪中期。在建仁寺第23世住持清拙正澄[4]的遗稿集《禅居集》中可以找到"东山十境"的记载。十境除了寺院境内的各种设施外，还有鸭川的流水、被称有中国风的五条桥以及距离寺院约1.5千米的清水山，这些都是从建仁寺可以看到的景观元素。

以境致营造为核心的日本禅宗造园，在引入中国禅宗时便对日本寺院景观营造产生了很大影响，几乎改变了日本庭园的整体风貌。田中淡认为："如果说平安朝庭园中呈现的是净土教或念佛宗的他力自然观，那么后者则可以说是禅宗的自力自然观。"芳贺幸四郎认为，平安时代，源氏物语式的庭园在其样式上是直接模仿自

---

[1]《扶桑五山记》是日本中世研究禅宗制度最方便的史料和手册之一，抄本最早时间为嘉元二年（1304），作者传为建仁寺住持龙山和尚，该书以汉文书写，于昭和三十八年（1963）由玉村竹二校订出版。
[2] 平出美玲『禅宗寺院に於ける境致と十境詩について』，京都造形芸術大学博士論文，2015年，48～49页。
[3]《倭汉禅刹次第》抄本卷首注明，该书由南禅寺住持祖圆写于应安七年（1374），明治十三年（1880）妻木赖德重新抄写。
[4] 清拙正澄（1274—1339），元代僧人，于嘉历元年（1326）末到日本，并从元弘三年（1333）到建武三年（1336）一直任建仁寺住持，后住南禅寺。

然的前栽样式，其艺术意志涵盖在净土教的唯美世界观中，而中世镰仓、室町时代的庭园是象征性样式的山水，其艺术意志根植于禅的唯心世界观。[1]境致营造这一传统则在禅宗寺院中不断发展，梦窗疏石对其发展也有很大的作用。中世南北朝时期，禅林中的塔头逐渐增多。由于塔头的规模尺度远远小于大本山寺院，为了营造相应的景观意境，许多塔头也选定"境致"作为营造意义的手段。受到禅宗寺院中对于境致营造发展的影响，室町时代将军和贵族的邸宅中也会选定"十境"梳理营造并作诗记载。

五、梦窗疏石禅学与造园的师承渊源

禅宗庭园的样式在梦窗疏石的造园活动中得到确立。梦窗疏石毕生致力于禅宗修行，他将宗教追求与庭园创作相融合，对日本禅宗造园乃至日本庭园史有深刻的影响。梦窗疏石的庭园营造与修行同步，他不仅学习传至日本的禅宗经典文献，也学习中国园林中的立石手法。他将求道和造园进行结合，呈现了禅宗对于自然的看法，即踏遍高山大川，才能真正理解禅宗造园中的立石法和相关园林技巧。

很多学者对梦窗疏石的造园实践做过梳理，其中以川濑一马等从文献考据角度所写的梦窗疏石造园考以及重森三玲等从样式角度出发的庭园调研为代表。中村苏人认为梦窗疏石的造园观念受到两方面的影响：一个来自中国文人的隐逸思想，另一个则来自禅宗的教义。他将梦窗疏石的甲斐惠林寺和京都天龙寺的庭园归结为拥有中国寺庙庭园的传统风格，而美浓永保寺、镰仓瑞泉寺、京都西芳

---

[1] 芳贺幸四郎『東山文化の研究』、河出書房、1945年、737～738页。

寺庭园则归结为中国文人式庭园。

镰仓各寺的和尚很多都曾拜于兰溪道隆的门下，或者是其同门无学祖元的弟子。无学祖元与兰溪道隆都拜于南宋禅师无准师范门下。据传，当元军攻入南宋时，无学祖元在温州的能仁寺被俘，敌人将刀架在他的头上，他却吟唱偈语："珍重大元三尺剑，电光影里斩春风。"元军大为震撼，默然撤去，他因此而闻名。之后，听说日本的统治者尊重佛法，他怀着传法的意愿，接受北条时宗的邀请，渡海而去。

梦窗疏石的师父高峰显日是无学祖元的弟子。北条时宗在兰溪道隆圆寂后，邀请无学祖元作为新的禅宗顾问。高峰显日是后嵯峨天皇的皇子，最初师从京都东福寺的圣一国师圆尔辨圆，后来跟随元国寺的宋僧兀庵普宁来到镰仓，但因兀庵回国，于是他在下野的那须开创了云岩寺并隐居其中。在无学祖元留日时，高峰显日受他教诲成为法脉弟子。从无准师范到无学祖元再到高峰显日，及至梦窗疏石，这里有着较为清晰的师徒传承关系，从一定程度上讲，梦窗疏石与兰溪道隆也有着师承联系。[1]

梦窗疏石在正中二年（1325）受后醍醐天皇的委任，担任京都南禅寺的住持，翌年回到镰仓的瑞泉寺，又在元德二年（1330）到了甲斐，建立惠林寺，最终回到京都开创了临川寺，并再次担任南禅寺的住持。他在庭园创作方面的足迹可追溯至永保寺、瑞泉寺、惠林寺等。[2]他晚年定居京都，开创了西芳寺以及天龙寺。西芳寺

---

[1] 日本重要禅僧师承：〔中〕无准师范（1179—1249）——〔中〕兰溪道隆（1213—1278）、〔中〕无学祖元（1226—1286）——〔日〕佛国国师（高峰显日）（1241—1316）——〔日〕梦窗国师（1275—1351）
[2] 小野健吉「中世庭園史の概観と研究の現状」『中世庭園の研究：鎌倉・室町時代』（奈良文化財研究所学報第96冊 研究論集18）、2016年。

是梦窗在原有净土庭园的基础上，结合堂舍和植物，构建下层池庭，该池庭以山为依，建立在伽蓝的最深处。其上部庭园配有枯山水的石结构，营造了修行氛围。天龙寺庭园则以优越的空间布局和设计而闻名。他所采用的布局，也是典型的禅宗伽蓝布局，在最深处设置池庭。庭内曹源池以岚山和龟山为背景，池中心有瀑布、石桥和立石结构面对方丈。西芳寺的向上关到缩远亭，天龙寺的曹源池到龙门瀑的构想，是在描述佛教境界的同时，也表现了梦窗庭园营造时佛教诠释的意味。贞和二年（1346）春二月，梦窗疏石赋文《龟山十境》，表达了这里是教化别行的场所，为了坚持不懈地在自然中修行，他在庭园中创设了坐禅石。晚年的梦窗疏石未曾迈出西芳寺一步，这是他幽居修行之地。康永四年（1345）他出版了《西芳遗训》，西芳寺成为专为门徒提供坐禅修行的场所。

梦窗疏石在师从一山一宁时，不仅学到了禅学和汉语，还学习了朱子学、书法、文学以及各种宋僧习俗。因此，尽管梦窗疏石从未到过中国，但据说他比当时任何一位禅僧都更了解中国的情况。[1]梦窗疏石在大量阅读中文书的过程中发现了《白氏文集》中关于乐天庭园的描写。白居易在日本古代文化界具有至高的地位，对其庭园的模仿成为梦窗疏石求道的方式。他仿效白居易，也以水、竹来象征隐士居所，并发出了"世间有喜爱山水而造园之人，如果他们的心境如同乐天一般，那他们确实是不被世俗尘埃所染的人啊"的感慨。

中国禅僧中峰明本从未到过日本，但他在日本的名声却非常大，他的门下有23位日本留学僧。中峰明本精通禅宗庭园营造，

---

[1] 中村蘇人『夢窓疎石の庭と人生』、創土社、2007年。

他的学生天如维则（约1280—1350）于1342年在苏州建立了狮子林。他的另一位日籍徒弟业海本净（1284—1352）回到日本后，于1348年在甲斐的大菩萨山中建立了天目山栖云寺，并在附近谷地营造了石庭。业海本净还在此庭园附上了《天目十境偈》，以模仿中国文人庭园的风格。梦窗疏石崇尚中峰明本的思想，并且与他建立了长期密切的书信往来关系，模仿和学习其造园的技巧。

梦窗疏石在镰仓瑞泉寺建造了遍界一览亭，并邀请了渡日僧人清拙正澄游赏。清拙正澄为其书写了《遍界一览亭记》，前半部分文章开头是："名区胜概。充塞寰宇，天悭地秘，常恪于人。"[1]认为自然想要隐藏它的胜景，而梦窗疏石"凿岩敞地。创瑞泉练若以居。前峰后洞，巧夺造化"，使得自然景色得以为人所享。随后描述了庭园池塘景色和山顶远眺的景象。《遍界一览亭记》是清拙赞美梦窗庭园的文章，但梦窗则从中学习了清拙等人对中国式文人庭园营造的新思想。

在关于具体营造技术的学习上，梦窗疏石是否懂得建筑和庭园的修造技巧以及知识系统尚无定论。从建筑史研究开始，对修造技术的研究都集中在了如东班众[2]和工匠的群体上，对于住持在这其中所发挥的作用并没有展开。野村俊一认为，梦窗疏石关于修造的信息来源与知识构成，是在学习禅法的过程中逐渐积累的。禅院的清规条例包含着以文献为代表的历史材料和口传秘诀，作为住持的梦窗疏石在诵读、学习的过程中逐步实践，形成了用于执行修造所

---

[1] 清拙正澄著、河井恒久友水纂述、松村清之伯胤考訂、力石忠一叔貫参補「徧界一覽亭記」『新編鎌倉志・四』、柳枝軒、貞享二年（1685）。
[2] 东班众：日本中世的禅僧集团。中国宋代的寺院制度被引入禅院内后，教学诗文方面由西班负责，经济活动方面则由东班负责。在东班中，最高职位的都阃下设有都寺、监寺、副寺、维那、典座、直岁六位知事。以上职位和其下属的禅僧统称为东班众。

必需的判断体系。由此，禅宗寺院庭园的营造过程也逐渐明晰，即住持对清规条例解读和应用，最后主导的修造。这也成了修造知识传播的最重要路径。

源自元代的《备用清规》应是梦窗疏石学习禅法最重要的文献之一。[1]《备用清规》中说到，住持需要兼具"修造""供众""列职"的必要条件，才能被称为"三等住持"。因此，住持被视为修造组织的最高指挥官或统筹责任者。春屋妙葩在《梦窗国师年谱》中记录"凡为住持有三等，曰说法，曰辑众，曰修造。师在三者兼备，犹自谦曰：吾于修造岂不能哉"，写到梦窗兼具了说法、辑众、修造的素养。东陵永玙所撰《梦窗国师塔铭》中元德元年（1329）秋的条目中，提到梦窗"其于说法、供众、修造三者备矣"，也表明梦窗疏石具备了上述三种能力。

当修造成为禅僧住持所必须具备的条件和责任时，就有了传播佛法和普及大众的意义。一般情况下，禅宗寺院的建造，包括庭园的营造，在具有特定身份的禅僧成为住持的时候就自然而完备地形成了。同时，这样的传承最开始就严格地以住持为脉络的谱系。

六、禅宗庭园"境致"营造观念的强化

以禅宗教义和文人隐逸思想为追求的禅僧庭园营造，是形成人与自然融为一体的悟道世界的要义，同时，也需要对庭园所在环境投射以更深刻的情感，这便要求对庭园营造中的"境致"观念进行强化和完善。

梦窗疏石也有大量关于庭园境致的描述。《梦窗国师年谱》贞

---

[1] 野村俊一「五山叢林における夢窓疎石の修造知識」『建築史学』第43卷、2004年、2~33页。

和二年（1346）记载："春二月，赋龟山十境，以表为教外别行之场。自作序。"梦窗疏石在天龙寺附近选择了十个地方，称为龟山十境。应永七年（1400）前后，在为西芳寺所写《西芳寺缘起》中，梦窗疏石也列举了十境。

日本中世其他寺院的十境情况可以从《倭汉禅刹次第》中获知。该书列举的五山寺院中，几乎所有寺院都列有"境致"或"十境"。通过这些境致和十境的构成可以看出，境致内容包括峰、溪、池、岩、洞等自然要素，以及桥、塔、阁等人工设施。这些选定与前述东山十境和龟山十境的选定方式相似，包含了寺院本身以及周边的自然与景观。

许多塔头用"以小见大"的手法来营造境致。据日僧义堂周信（1325—1388）的汉诗文集《空华集》卷十四《山水图诗序》记载，至德元年（1384），大慈院建造小庭园，"在东轩尺寸之间幻出了千岩万壑的气势"。他的日记《空华日用工夫略集》说明这是为了迎接足利义满的来访。[1]雪村友梅（1290—1347）参观圆觉寺卧龙庵的庭园时，称赞该庭园"拳石寸林，意趣千里"。别源圆旨在《东归集》中记载庵居的庭园"在窗前的空地上，聚石垒土，模仿叠嶂和远岛孤洲的样子"。关口欣也指出，这种凝缩的美与宋僧无学祖元禅语中所提及的古人禅境"只需成山，种松，植柏"有关，也与"咫尺千里"的观念相通。[2]文明九年（1477），春浦宗熙（1409—1496）建造庭园并著《假山水谱并序》称，该庭园在有限的小空间内表现出无限的深山幽谷和大海，不仅仅是风景的缩影。《荫凉轩

---

[1] 島尾新「庭園と山水画-『仮山』のイメージ」『禅宗寺院と庭園』（平成二十四年度庭園の歴史に関する研究会報告書）、奈良文化財研究所、2013年。
[2] 関口欣也「鎌倉南北朝の禅宗伽藍」『図説日本の仏教四 鎌倉仏教』、新潮社、1988年、128页。

日录》宽正四年（1463）九月二十六日条写到，季琼真蕊访问相国寺外的今是庵十境时，将庭园的池泉描述为"如望江湖万里之远"，以小空间见大境致。大德寺大仙院也是讲究境致的小庭园空间，田中正大提道："大德寺大仙院的庭园在狭小空间中压缩了山水，造出象征性的枯山水，并在其中间架设了亭桥。在桥的南侧造了唐样的花头窗，并在其上悬挂了题写的匾额，营造出禅院境致的氛围。"

外山英策认为，"小庭的发展确实是禅僧的贡献"[1]，而神谷指出，由于"境致"被引入塔头这样的小空间，引发了缩景的发展。[2]这表明"境致"概念所触发的空间想象是广大的，在庭园营造中的影响也是广泛的。玉村谈到日本中世北山时代时说："在塔头发展的时代，僧众强烈希望将各自的日常生活理想绘制成图，并在图上添加朋友知己的赞诗，这构成了应永时期诗画轴的中心。"这同中国文人间互相书写园记、互赠园林诗和园林画的情况一致。

七、从寺院到宅邸的"境致"营造

受到禅宗寺院中对境致营造发展的影响，室町时代将军和贵族的邸宅中也会选定"十境"，梳理营造并作诗记载。义堂周信在康历二年（1380）访问二条良基（1320—1388）的押小路乌丸殿时，列举了相当于十境的景观。足利义持建于应永十六年（1409）的三条坊门殿也选定了十境，并由禅僧作偈。川上贡研究了将军邸内的会所、观音殿、持佛堂、泉殿、禅室等庭园设施，并通过比较西芳寺、三条坊门殿和东山殿，提出三条坊门殿以西芳寺为模范之

---

[1] 外山英策『室町時代庭園史』、岩波書店、1934年。
[2] 神谷俊雄「中世の十境の展開」『日本建築学会近畿支部研究報告集・計画系』第34号、1994年、1012頁。

说。[1]玉村认为："以初期足利将军为中心的上流武家，通过禅宗，有意识地模仿中国贵族士大夫的社交生活。"[2]这些人的住所模仿了禅院中私生活场所的塔头。在邸宅内或塔头内，境致被缩小。例如，二条殿和三条坊门殿的十境以西芳寺的殿、亭、桥等为模范，西芳寺利用自然山丘建造的亭，在这些邸宅中则是在人工筑山上建造。[3]西芳寺不仅具备禅宗寺院特有的伽蓝构成要素，还像邸宅一样拥有多个亭、舟舍、泉殿等住宅性元素，具备了成为将军家邸宅样板的条件。[4]

三条坊门殿的十境诗中，有惟忠通恕的《相府十咏》、鄂隐慧奯的《相府十境》、西胤俊承的《相府十境》和惟肖得岩的《相府十题》这四种。[5]对此，平出美玲指出，即使在像三条坊门殿这样的拥有正式设施的将军御所，作为境致选定的建筑群也主要由内向外而成。这些诗是由禅僧所作，但其佛教色彩较为淡化。[6]她还指出："邸宅中的十境诗由禅僧创作，类似于禅宗寺院的十境诗，但不同于针对宗教活动场所的创作，这些诗作更适合于私人住宅，表达了更多文艺品味。换言之，邸宅的境致与寺院的境致选定目的不同，其诗作内容也有异质性。禅宗寺院的十境诗具有较强的偈颂性质，但随着时间的推移，这些诗逐渐在武家和贵族的邸宅中作为文

---

[1] 川上貢『日本中世住宅の研究』、墨水書房、1967年、279頁。
[2] 玉村竹二「禅院の境致—特に楼閣・廊橘について」『日本禅宗史論集』上、思文閣、1976年、682頁。
[3] 田中正大「禅宗の石庭」『禅寺と石庭ブックオブブックス日本の美術』第15号、小学館、1971年、221頁。
[4] 平出美玲『禅宗寺院に於ける境致と十境詩について』、京都造形芸術大学博士論文、2015年、171頁。
[5] 中島義晴「中世日本における境致の概念および庭園との関連」『中世庭園の研究：鎌倉・室町時代』(奈良文化財研究所学報第96冊 研究論集18)、2016年。
[6] 平出美玲『禅宗寺院に於ける境致と十境詩について』、京都造形芸術大学博士論文、2015年、191～192頁。

艺活动的一部分而定型。"

堀川贵司指出三条坊门殿的十境诗，与潇湘八景诗不同，具有浓厚的偈颂色彩，并且可以看出诗中有意识地表现了将军作为统治者的形象。例如，在惟忠的诗中，《安仁斋》赞美了达到高精神境界的将军，同时结合了境地的名称；《悠然》中提到陶渊明通过观赏南山过着悠闲自得的生活，而将军则已经超越了这种境界，自然地观看一切；《湖桥》中，将五湖比作太湖，将将军邸的池塘和桥类比为中国江南的宁静风景，诗中"鸟飞不惊"暗示了和平的时代。[1]

此后，在禅寺中选定十境变得更加普遍。在江户时代前期，约于贞享二年（1685）出版的京都导游书之一《京羽二重》[2]和一年后由黑川道祐撰写的京都地志《雍州府志》[3]均列有五山禅寺和其他主要禅寺的"十境"。《山城名胜志》[4]卷十附录中，也记载了江户初期创建的直指庵的"十四境"。15世纪到17世纪之间，禅寺中选定十境变得更加普遍，不断有新的十境被选定。一些境致成为京都的代表性名胜，如岚山一带和东福寺通天桥的红叶等。

对中国江南山水意象的模写与表达贯穿于禅宗寺院庭园以及将军贵族宅邸庭园营造的始终。"境致"受到禅宗思想的影响，同时

---

[1] 堀川貴司『瀟湘八景：詩歌と絵画に見る日本化の様相』、臨川書店、2002年、42~44页。
[2] 《京羽二重》：水云堂孤松子著，六卷六册。在众多的京都指南书中，这本书特别兼具趣味和实用价值。正如序言中所说，"唯竖横筋之细腻，名之为京羽二重"，书中不仅记载了京都的简略历史、纵横的街道、名胜古迹等，还包括官位补略、各职官员、京都所司代、町奉行，甚至包括各类师艺和名匠，展示了当时京都的阶层结构和市民生活的一部分。
[3] 《雍州府志》：黑川道祐（玄逸）著，十卷十册，成书于贞享元年（1684）。作为山城国的地志，它被评价为最早的综合性和系统性的地志。书名以长安所在的雍州来比拟京都所在的山城，并基于实际见闻，用汉文体记述了山城一国的地理、沿革、寺社、古迹、陵墓、风俗习惯、特产等内容，同时也很好地反映了作者道祐的古典研究成果。
[4] 大岛武好『山城名勝志』、宣風坊、正徳元年（1711）刊。

也表达了文学喜好，反映了文人的隐逸思想。这种思想在精通文人文化的禅僧中广泛传播，在日本文化中发挥重要影响，并对庭园设计产生了影响。江南山水意象早期作为禅宗寺院营造的背景，而后又成为优秀文人文化的传统。江南山水此时在日本庭园的营造中已经成为一个固定模版，没有具体的规格、尺度和样式，但一桥、一树、一石，甚至是文人描写江南山水的一句诗文，就可以获得完整想象的共识。在狭小而有限的空间进行小景营造，并通过诗歌来装饰，为整个空间赋予新的意义，这是对源自禅寺"境致"的世俗化应用，是日本禅僧延续了中国传统艺术自南宋以来，强调"小景山水"，以小见大的手法。

八、禅僧造园的普及：从河原者到善阿弥

禅僧在造园中提供了主要庭园观念和基本结构的指导，但在实践过程中，大量具有实践操作能力的河原者不可忽略。从中世末期到近世初期，从事土木工程和园艺的人都是被称为"散所"和"河原者"的社会底层人员。散所之本意在于这类人经常居无定所，在寺庙等地服务于清洁和其他杂务，并参与土木工程等工作。河原者之名则是因其居住在河岸等地，从事屠宰、刑吏、池塘挖掘、筑地、泉石等工作。很多河原者由于造园技术高超和过人的实践能力，受到贵族和皇家的青睐，身份从社会最底层晋升到阿弥之位。

早在20世纪60年代，造园学家进士五十八就关注到河原者在日本庭园史中发挥的作用，及其造园技法的意义。[1]他提出了一个在当时日本学界看起来非常激进的说法，即否定了日本传统庭园营

---

[1] 進士五十八「日本庭園河原者造型論」『造園雑誌』第33卷第4号、1970年、19~27页。

造中宗教、美学以及上层造园家们所发挥的作用，而认为，自上古到室町时代，造园中发挥关键作用的是以人为中心的底层劳动人民，尤其以河原者为甚。他提出了河原者因其生活的场所，对自然的天然感受，得以获得到造园的技法，造园是其"受自然观照滋养的美的感觉"的反映。

进士五十八的观念也可以反映为"禅庭否定论"，特别针对以宗教氛围营造为主的禅院庭园。他主张否定或减少以佛教或道教思想等来解释庭园形态论中的宗教造型性，否定从思想到造型的观点。他进一步提出，日本庭园是从"形象到造型"的过程，是通过河原者介入完成的，提出了"河原者造型论"。

岩田玲子在同一本造园杂志中发表文章反对进士五十八的观点。[1]她观念的切入点在于对"形式"发生、发展问题的讨论，她列举了若干原始艺术创造冲动的案例，提出在创作之前，必然有创作观念的存在，而河原者并没有这样的能力。作为主要造园人群的贵族和僧侣经过了大量的宗教、文化和视觉的训练，具有可以发表造园观念以及营造庭园形式的能力。她也提出，日本的庭园从引入中国的园林思想以来，从来都不仅仅是停留于宗教方面的学习，而是"超越艺术和宗教之外，存在着一种更为永恒、更为根本性的因素，这种因素不仅决定着艺术形式，也决定着宗教形式"。

林麻由美和李树华的《善阿弥以及其周边的山水河原者相关研究再检讨》[2]基于前人的研究基础，从中世笔记类文献如《荫凉轩日录》《看闻御记》，中世秘传书《君台观左右帐记》以及各寺社

---

[1] 岩田れい子「『かたち』を決めるものは何か『日本庭園河原者造型論』をよんで」『造園雑誌』第36巻第2号、1973年、42～47頁。
[2] 林まゆみ・李樹華「善阿弥とその周辺の山水河原者に関する再検討」『ランドスケープ研究』第64巻第5号、2000年、403～408頁。

记，如《大乘院寺社杂事记》《东大寺法华堂要录》等材料出发，讨论了善阿弥如何从一个河原者逐渐成为"善阿弥"，善阿弥年轻时期的造园活动以及枯山水造园等事物之间的关联性。

因为散所者、河原者其实是具有歧视意味的称谓，有关他们参与庭园修建工作的记录在室町时代才出现，如《洞院公定公记》[1]永和三年（1377）三月二十一日条中最早提道："仍自今日北庭泉水前栽等仰散所令作之，虽为无其诠事，冷然之余，令兴行者也。"在此之前的三月八日条目中记录，因欣赏藤花，洞院公定让散所者清扫庭园。表明了清扫是散所者的基本职责。

《满济准后日记》[2]应永二十年（1413）九月二十三日条记载着"河原者参与金院庭园□□的建设"。自此以后，河原者与树木、庭园石等有关的事宜在史料中有所记载。

"庭者"一词出现得较晚，通常认为是在《看闻日记》[3]永享二年（1430）闰十一月十八日条中首次出现，文中写道："南庭屿形泷头石等河原者立之。珠藏主令奉行（河原物仙洞庭物也）。筑地地下侍、若众共风流等立，逸兴也。"在伏见的大光明寺塔庙行藏庵的僧侣珠藏主的主持下，被称为"仙洞庭物"，即后小松院的庭师，安置了伏见宫贞成邸南庭的瀑布石组等。自此以后，与庭师有关的记载也逐渐出现。

---

[1]《洞院公定日记》：洞院公定（1340—1399）著，南北朝时代至室町时代初期的公卿。他留下了《洞院公定日记》，详细描绘了当时南北朝时期的动乱局势，其中保留了应安七年（1374）和永和三年（1377）的自笔手稿。
[2]《满济准后日记》：满济（1378—1435）出生于藤原北家，是日本南北朝时代至室町时代中期的一位真言宗僧人，《满济准后日记》（又名《三宝院准后日记》），是研究室町时代历史的重要史料。原稿现分别藏于日本醍醐寺与日本国立国会图书馆。
[3]《看闻日记》：伏见宫贞成亲王（1372—1456）的日记，记载了幕府将军足利义教时代的贞成亲王身边之事等，是室町时代中期政治史、文化史的重要史料。

在室町将军周围，能称"阿弥"号的人是被认定为在各种领域表现出色的人才。如善作猿乐的观阿弥、世阿弥、音阿弥，田乐的喜阿弥、增阿弥，同朋众[1]的能阿弥、艺阿弥、相阿弥等都是知名的人物。

善阿弥作为"山水河原者"得以成名，也是因为背后拥有强大的技能团队。他作为团队的管理者，指导团队完成优秀的传世庭园作品，呈现出了中世日本造园技术团体的造园技巧以及技法传承严格保密性的特点。

河原者和散所的工作还包括清洁以及处理尸体等。这项工作与中世触秽观密切相关，意味着清除死亡污秽。据称，在一个跟生产相关的"御胞衣藏"仪式中，河原者会同接生人一起，在贵族生产后的5至7天时间里将婴儿的胞衣埋在山里，然后由河原者撒上土并种下松树。清洁仪式不仅仅是劳动工作，还是深藏着迷信成分的仪式。这也使得接受仪式之人对其产生某种敬畏之情，因为他们与民间信仰的阴阳道和巫术相关联，这些技术的积累和秘密保存，可能是使河原者被认可为造园者的一种契机。[2]河原者因此深入权贵家族的内部并有机会进入上层社会。

作为山水河原者中的佼佼者，善阿弥的造园实践被记载在各种笔记文献中，如《荫凉轩日录》[3]文正元年（1466）四月十九日条

---

[1] 同朋众：室町幕府职制中的一个职务，他们亲近室町将军，并负责粮仓管理、座敷装饰、鉴定等工作。同朋众包括能阿弥、艺阿弥、相阿弥等，他们都使用"阿弥号"。
[2] 林まゆみ「中世民衆社会における被差別民と造園職能の発展過程」、『ランドスケープ研究』第58巻第5号、1994年。
[3] 《荫凉轩日录》：是室町中期，京都相国寺鹿苑院内荫凉轩住持所记载的公用日记。从永享七年（1435）到文正元年（1466）由季琼真蕊记录，文明十六年（1484）到明应二年（1493）由龟泉集证记录。内容涉及佛教、政治、文艺等多个方面，具有很高的史料价值。

称其"彼者筑山引水、妙手无此伦",《鹿苑日录》[1]长享三年（1489）六月五日条称其"为山植树排石天下第一云尔"等等。据《荫凉轩日录》文正元年三月十六日条记载,季琼真蕊"前夕往于睡隐,见筑小岳,善阿所筑,其远近峰涧,尤为奇绝也,对之不饱,忽然而忘归路也"。季琼在睡隐轩庭园中观看了善阿弥建造的小园,无论是远近的山峰还是奇异的地貌,都令他深感惊异,对此视觉仍不觉得满足,甚至突然忘记了归路。同条文中还称:"想以丘壑经营之妙手,而慈爱彼,尤过定分,甚为辱也。"暗示了善阿弥由于造园技巧精湛而获得足利将军超出合理范围的极大宠幸。

文献中出现的作为专门造园人的善阿弥,已经是70多岁高龄,因此森蕴推测,善阿弥年轻时候造园所使用的是其他名字。因为他出生于寅年,也即虎年。在他壮年之同时代,出现在文献中善于造园的庭师有散所者虎、河原者虎、河原者虎菊等,因此,这些名字应该就是善阿弥年轻时候的名字。[2]从散所者、河原者到阿弥,称号的变化即可见善阿弥的造园之技能得到了官方的高度认同。《鹿苑日录》长享三年六月五日条中写道:"又四郎乃善阿嫡孙也。善阿年九十七岁,同甲子于胜定相公而生,岁逢寅者也。为山植树排石天下第一云尔。"这表明善阿弥在97岁去世时,他的庭园工作开始由孙子又四郎继续。

善阿弥参与了足利义政的上御所和室町殿的重建以及相关的庭园工作,也间接参与了东山殿的建造。因为足利义政在建造东山殿

---

[1]《鹿苑日录》:是京都鹿苑院历代僧录的日记,收录了从长享元年（1487）到庆安四年（1651）之间的日记及诗文等内容,是了解当时社会状况的重要资料。
[2]《看闻日记》永享八年（1436）二月二十一日条记载义教命令"庭师虎菊"前往伏见宫贞成邸,以便展示庭园并为今后提供参考。《荫凉轩日录》永享十一年十一月十四日条的记载,义教命令"虎菊"将相国寺荫凉轩的树木种植。第二天,他们竖起了石头,二十五日引水灌溉。

的时候，善阿弥已经是90多岁高龄，应该不能直接参与建造了。但是足利义政在建造的过程中，多次参访了善阿弥之前所做的庭园，如奈良兴福寺大乘院，这是善阿弥作庭技巧的集大成者。

足利义政对善阿弥的庭园营造传统非常重视，在庭园营造中参照了善阿弥的建议。这是由于将军们对文化传承"正统"性的诉求，他们认为修行得道的禅僧具有传承正统的能力。这不仅体现在造园上，还包括禅宗绘画、诗词等各种艺术形式。

九、禅僧造园"正统"之说

从遵从五山禅僧的造园观念到对善阿弥造园技法的重视，日本中世寺院和将军的造园始终有一条参照原则，那便是对中国核心文化的遵从。对历史来路明确的艺术品以及艺术形式的热忱，都因其源头的正统性。这从对"唐物"的收集和保存中也可以看到。

"唐物"一词最早出现在《日本后纪》大同三年（808）十一月十一日条中："敕。如闻，大尝会之杂乐伎人等，专乖朝宪，以唐物为饰。令之不行，往古所讥。宜重加禁断，不得许容。"[1] 由此可知，中日交流早期，已出现了对唐物崇拜的风潮，政府更下禁令阻止奢华风气。镰仓圆觉寺塔头《佛日庵公务目录》（1320）中记载庵中公物，有许多来自中国宋元之唐物，如：顶项、唐绘、墨迹等。[2] 足利将军"唐物"收藏中主要是中国的绘画、陶瓷、茶器等。

在专门关于日本将军室内装饰礼仪规则的手册《君台观左右帐

---

[1] 皆川雅樹皆川雅樹「『唐物』研究と「東アジア」の視点：日本古代・中世史研究を中心として」、河添房江・皆川雅樹編『唐物と東アジア：舶載品をめぐる文化交流史』、勉誠出版、2011年、8頁。
[2] 川上貢『日本中世住宅の研究』、墨水書房、1967年、279頁。

记》[1]中，记载了将军们使用被称为"唐物"或"唐绘"的艺术品来装饰房间。《北山殿行幸记》记载了后小松天皇于应永十五年（1408）三月前往足利义满的北山殿（现鹿苑寺）行幸的情况，《室町殿行幸御芳记》记载了后花园天皇于永享九年（1437）十月前往足利义教的室町殿行幸的情况，《小河御所并东山殿御芳图》记载了足利义政的小河御所和东山殿的室礼情况。这些记录都呈现了将军家如何用唐物装饰住宅和庭园，这些"唐物"深入贵族生活，强化了对正统追求的日常性。

《荫凉轩日录》中记载了东山殿持佛堂（现在的慈照寺东求堂）的障壁画绘制过程。文明十七年（1485）十一月，狩野正信被选中为东山殿持佛堂的障壁作画。就持佛堂的绘画，画家与将军讨论了要选择中国画家马远还是李龙眠。鉴于将军家中有很多李龙眠和马远的作品，因此可以参照进行学习绘制。

相国寺的龟泉集证、横川景三、狩野元信、相阿弥等人共同商议了构图。狩野正信首先完成了一幅作品，并展示给了足利义政。然而足利义政并不满意，命令相阿弥展示李龙眠的画作《老子青牛之图》，并让狩野正信以此为模版进行修改，最终在文明十八年三月二十四日，完成了10幅《十僧图》。可以看出，在相阿弥管理的库房中藏着李龙眠的画作《老子青牛之图》，其又成为狩野正信绘制《十僧图》的参考模板。根据足利义政的意愿，室内装饰的绘画首先要以正统的唐物绘画作为模版，然后才得以创作新作品。[2]

庭园营造也讲究源头的正统性，即来源于中国的禅宗正统。庭

---

[1]《君台观左右帐记》为足利义政东山殿装饰品之记录，其中大多是来自中国的唐物。"君"也就是君主，"台观"指居室，"左右帐"则是指记录关于权力者室内装饰品的账面。
[2] 家塚智子「室町時代における作庭に携わった人びと：足利義政と善阿弥の関係を中心に」『中世庭園の研究：鎌倉・室町時代』（奈良文化財研究所学報第96冊 研究論集18）、2016年。

园的花木是否为禅僧所选，石木的赋名是否为禅僧所作。足利义政的东山殿在营建时，就从仙洞御所、室町殿、小河殿等地运来了石头和松树。文明十九年（1487）六月二十八日，足利义政从小河殿运来了石头若干，从室町殿遗址运来了一块大石头，从仙洞御所遗址运来了四块石头。[1]《荫凉轩目录》和《实隆公记》[2]记载了在长享二年（1488）二月，从朝仓景久那里运来了松树。《实隆公记》记载了长享三年三月，从细川政元的那里运来了两株松树。《山科家礼记》[3]记载了长享二年二月二十一日，当从仙洞御所搬运松树时，调用了1000人的人力。二十三日有3000多人以及五六百名武士成员参与。关于这种情况，《实隆公记》长享二年二月二十八日条中写道："其身惊目者也。"表达三条西实隆也对这样的场景感到惊讶。

《大乘院寺社杂事记》文明十四年九月一日条中写道："关于御新修人夫役之事，于山城国各地，除领主所困扰之外，亦有诸多事宜存焉。"《荫凉轩日录》文明十八年七月二日条中写道："遂往一条家门，传先日东相所谕之命，家门乃对面，鹿苑寺领庭石十个，自东府被召之，为寺家可引进之命有之，然者寺家大义不可过之，达台听有御免者，为寺家之大幸云云。"所写即是，相国寺荫凉轩主龟泉集证与一条冬良会面，表示足利义政希望将鹿苑寺领的10

---

[1] 『大乘院寺社雜事記』文明十九年六月二十八日条："義政は、小河殿から石、室町殿跡から大石1、仙洞御所跡から石4を、それぞれ東山殿に運び込んでいる。"
[2] 《实隆公记》：室町时代后期公家三条西实隆所撰写的日记，记录时间长达60多年，涵盖从文明六年（1474）到天文五年（1536）的内容。作为同时代的一手资料，日记涉及广泛，内容包括京都的朝廷、公家与战国大名的动向、和歌、古典书写等。现存有其亲笔手稿，并于平成七年（1995）被指定为重要文化财产。
[3] 《山科家礼记》：编著于应永十九年（1412）至明应元年（1492），编著者有大泽重康、大泽久守、大泽重胤。内容涵盖了禁廷供奉、服饰等事务。从管理家族领地的实际管理者立场出发，还可以了解室町时期内藏寮和山科家领地的实况。

块庭石从东府运走，后来足利义政撤回了这个要求。与上述的例子一样，相国寺也需要调配劳工。因此，这对寺院来说是一个巨大的负担。《荫凉轩日录》文明十六年十一月十九日条中称，等持院频繁地从庭园中运出松树，导致墙壁崩溃，走廊损坏。即使龟泉集证这样的足利义政的亲信也感到负担重重，对其他寺院和公家来说，无疑是相当大的负担和困扰。

足利义政还特别重视善阿弥参与过的南都兴福寺大乘院庭园，多次派河原者去考察，并运输大量的树木和石头到东山殿，他认为不仅是寺庙本身的宗教地位，还包括由相阿弥所建庭园中的树木、石头都具有"正统"的价值。种种负担引发了不满，导致了文明十七年以南山城为中心的山城国爆发动乱，成为摧毁室町幕府权力的导火线。

室町时代的许多立石庭园，作为对禅的实践，都直接从梦窗疏石所确立的样式出发，而少了禅本身对自然本质的探索。因此，南北朝时代之后的日本禅宗庭园，开始进入了追求技巧变化的僵化状态。与此同时，宋元水墨画在日本受到热烈的欢迎，庭园的发展也朝着模仿抽象山水画的另一个方向而去。

余　论

从禅僧兰溪道隆渡日带去了中国江南五山禅林制度以及禅僧的生活方式，到梦窗疏石对禅宗的深入学习，并使其对日本上至皇室，下至普通民众产生广泛影响。庭园，以其作为修行的场所在禅僧向自然格物求知的过程中发挥着无法忽略的作用。兰溪道隆所严格遵守的中国禅宗教义，使庭园向自然延伸，打开世俗修行与自然的通径。在庭园中重现自然山水，不仅体现在"背面庭"等与自然没有严苛边界的庭园上，也体现枯峻凌厉的山水石组上。梦窗疏石对中国禅宗的向往，对汉学的精深研究，使得他能在贯彻中国禅宗的基础上，结合日本本土的地域和文化特色，让禅宗庭园在日本得到广泛认同和长足发展。在禅僧造园过程中，同时出现了一股不可忽略的力量，那就是社会底层出身的河原者，他们大量参与了禅僧造园。由于接受了禅宗思想，并具有高超的实际操作能力，他们深度参与皇家、贵族、寺院的造园活动，改变了自己的身份地位，成为日本中世造园的重要承担者，日本中世造园正统一派。日本中世被称为是日本的"文艺复兴"时期，在文化、艺术方面有了影响至今的发展。此时文化发展之所以绽放出美丽的花朵，与中国禅宗在日本的接受和广泛传播密不可分。

第五章　日本中世庭园和样与唐样之辨

一、关于和样和唐样的研究现状

造园学界有个较为明确的定论：日本在中世室町时期确立了典型的枯山水样式。枯山水石组强烈险峻且高远，可在方寸空间里表达崇山峻岭之感。这种样式区别于平安时期以来以《作庭记》为代表的平缓柔和、优美、具有强烈和风贵族气息的特征，是日本庭园史发展过程中的一次重大转变。日本庭园中有关和样、唐样的说法便源于立石风格的转变，日本造园风格受中国引入的高远立石手法影响并不断演变，形成二者并存的局面。

和样、唐样之说源自建筑领域的研究。唐样，又作禅宗样，镰仓时代初期与禅宗一起自南宋传至日本。最初仅使用于禅宗寺院的建筑，后来也用于其他类型的建筑上，与和样并称为日本建筑的两大主流。唐样在伽蓝配置上，形成一条直线排列的主要特色，在装饰上有唐门、唐窗等强调细部精美构造的特点。此类遗构现存有镰仓圆觉寺舍利殿、岐阜永保寺观音堂、东京正福寺地藏堂等。

日本建筑理论研究者对和样、唐样在建筑中的缘起和表现特征进行了细致的研究。如光井涉在《关于"和样""唐样""天竺样"

的语义》[1]中讨论了"和样""大佛样""宗室样"等样式概念的起源以及这些称谓出现的具体时间。以野村俊一为代表的建筑理论研究者们在2021年举办了"'和样'建筑的再检讨"[2]研讨会，分别发表了《从物品·技术·中国的角度看和样》（箱崎和久）、《从宫殿·住宅·功能的角度看和样》（沟口正人）、《从空间·社会·佛教的角度看和样》以及《从神社·神灵·神佛的角度看和样》等主题演讲和相关论文。另外，建筑领域的研究还有如太田博太郎《禅宗建筑传入时间》[3]、关口欣也《中世禅宗式佛堂的平面》[4]、樱井敏雄《关于建长寺伽蓝的设计计划——以元弘元年的指图为中心》[5]、野村俊一《镰仓时代·南北朝时期的禅宗寺院佛殿》[6]等论文，都以禅宗传入日本为节点，讨论由此引发的建筑唐样、和样的演变以及相应形象特征。

在庭园研究领域关于唐样与和样的讨论集中在立石结构上。木村三郎《枯山水论的行方》[7]、神部四郎次《关于石组的技术体系研究Ⅰ——京都葛野地区古坟石组与庭园石组的技术关联》[8]等文章从枯山水起源的角度讨论枯山水石组营造手法发生变化的原因，并将枯山水与唐样石组结合进行讨论。梅泽笃之介《关于西芳寺枯

---

[1] 光井渉「和様・唐様・天竺様の語義について」『建築史学』第46巻、2006年、2～20頁。
[2] 由日本东北大学主办，野村俊一主持，举办时间为2021年4月17日。
[3] 太田博太郎「禅宗建築はいつ傳來したか」、『日本建築学会論文集』第42巻、1951年。
[4] 関口欣也「中世禅宗様仏堂の平面」、『日本建築学会報告集』第110巻、1965年。
[5] 櫻井敏雄「建長寺伽藍の設計計画について：元弘元年の指図を中心として禅宗寺院伽藍計画に関する研究」、『日本建築学会計画系論文報告集』第350巻、1985年。
[6] 野村俊一「鎌倉期・南北朝期における禅宗寺院の仏殿とその意味」『建築史学』第47巻、2006年。
[7] 木村三郎「枯山水論の行方」『造園雑誌』第49巻第5号、1985年、67～72頁。
[8] 神部四郎次「石組の技術系統に関する研究（Ⅰ）：京都葛野における古墳石組と庭園石組の技術関連について」『造園雑誌』第38巻第1号、1974年、2～10頁。

山水庭园的作者及其创作年代》[1]、堤久雄《西芳寺洪隐山石庭的主题和形成时期》[2]、大山平四郎《日本庭园史新论》[3]等文章著作中，结合各庭园的案例来讨论和样、唐样的石组之变。

庭园中关于和样、唐样的辨析及研究最早由小泽圭次郎提出。他在大正四年（1915）出版的《明治园艺史》中写道："自近古以来，日本的园艺方法中，有嵯峨流和四条流两派的说法，虽然这个说法在江户时代传播开来，但实际上只是一时的谣言而已。"他否定了四条流和嵯峨流的存在，认为文政年间（1818—1830），江户的喜多村信节在《嬉游笑览》一书中提到庭园中的嵯峨和四条两派的说法，并称嵯峨流源自梦窗国师，四条流则源自后嵯峨天皇等只是江户时代随意记述的古老传言。

重森三玲出版的《日本庭园史大系》中，试图将日本庭园样式分为《作庭记》流（和样）和反《作庭记》流（唐样）两种。他所总结的《作庭记》流的特征有：被柔和曲线环绕的大型池泉广泛占据庭园的中央；中间岛屿也是圆形或椭圆形，没有锐角，呈现出低矮的姿态；丘陵地势丰满地隆起，显示出缓和的倾斜线；宁静的倾斜线平稳地延伸到池底，因此池塘的岸边不是垂直切割的，池塘也不会非常深。变化不多且温和的自然主义地形是《作庭记》流派最重要的特征之一，它强调了石结构不应该在平面和立体两个方面限制优美的曲线。同时，《作庭记》流的构思排斥坚硬和造型剧烈的石结构，这在《作庭记》原书中有相关记录，认为这样的石头就像"不受欢迎的客人"。

---

[1] 梅沢篤之介「枯山水の研究：西芳寺洪隠山枯山水の作者及びその作庭年代について」『造園雑誌』第23巻第4号、1959年。
[2] 堤久雄「西芳寺洪隠山石庭の主題と形成の時期」『造園雑誌』第25巻第2号、1961年。
[3] 大山平四郎『日本庭園史新論』、平凡社、1987年。

木村三郎的《枯山水论的行方》虽是讨论枯山水的起源和特征，但文中将枯山水作为和样转变到唐样的经典形式，对理解唐样在日本庭园的发展提供了很大的启发。他总结道，枯山水一词最早出现在《作庭记》中，表示庭园在某一处营造无水之景，由于并不是主景而未被后世重视、传播。但此时"山水"一词已有指代庭园之意。镰仓中期的文献中，现代人所理解的枯山水则是以中文"假山水"以及日文片假名"カレサンスイ"等表示。木村三郎也指出，后世所谓的枯山水，其所表现的庭园立石结构出现于镰仓中期，是同日本原有石组样式有较大区别的立石风格。虽然没有直接提及唐样和和样的词汇，但他明确指出，外来文化的影响以及对外来词汇的接受，是枯山水样式石组发展的关键。

神部四郎次在《关于石组的技术体系研究I——京都葛野地区古坟石组与庭园石组的技术关联》中对比了京都葛野地区的法金刚院青女泷石组、天龙寺龙门泷石组与西芳寺洪隐山枯泷石组的石头种类、组合方式、构成等，认为叠石技术在这些寺院的发展，关涉其所使用的运输工具、生产效能以及劳动力的质量和数量等，如非外来文化的引入，很难会有突然的剧变。因此，在日本新的立石特征形成之时，必然有着对外来文化的吸收与借用。但园林研究领域却极少有文章能将概念语汇的变化、风格演变以及具体案例结合讨论。这也就使和样、唐样的问题始终停留在孤立的名称梳理，远不如建筑界已经有的较为明确的样式分析和概念定义。对中世庭园石组样式进行基于时代背景的考察、交流特征的解析以及具体案例的分析将是本章研究内容的重点。

二、和样、唐样的起源和语词辨析

平安时期之前的日本建筑庭园已经形成经典的"和样"。从12世纪末期开始，在中国文化的影响下，"天竺样"和"唐样"的词汇开始出现，自此，这三者同时被用来表达中世以后的寺院建筑和庭园营造手法。明治以后，自现代建筑学发展以来，以太田博太郎为代表的建筑师创建了"大佛样"和"禅宗样"之说，尝试按照西方的建筑观念来理解日本建筑，进而导致近世以前"天竺样""唐样""和样"这些术语的具体含义变得不明确。近年来，光井涉等人尝试重新使用中世、近世日本工匠类书籍中的记载来探讨"天竺样""唐样""和样"等术语所指示的内容，并基于伊藤要太郎、内藤昌、渡边胜彦、河田克博、麓和善等人已有的研究成果，展开进一步讨论。

考察近世日本工匠类书籍中关于"和样""唐样"语汇的出现和用法，可以发现在相应的时代这些词语所应用的场所和所代表的具体样式特征的不同。15世纪的《日本番匠记》是关于各种建筑作法的书籍，首次使用了"和样"和"唐样"这两个术语。这可能是"唐样"一词的首次出现。此时"和样"和"唐样"的提法是针对"堂"，即寺院佛堂的概念，以它们的木材切割比例不同为要。17世纪的《孙七觉书》进一步确认了唐样就是禅宗样的说法，并将唐样分为"建仁寺样"和"嵯峨（天龙寺）样"。成书于庆长十三年（1608）的近世大工书《匠明》是日本战国末期至近世初期范围内工匠集团见解的汇总，书中没有使用"和样"的术语，但"唐样"被频繁使用。在对"唐样"进行定义时，是依照其建筑形态、整体比例和构筑物形式特点。书中也给出了"唐样"更广泛的用法，此时的"唐样"不仅存在于禅宗寺院，也可以用于禅宗以外的其他宗派寺院或神社、圣庙。[1]17世纪中期，《江户建仁寺流》一书则明确定义了"和样"和"唐样"，提出："和样"是自古传下的风格，"唐样"则是自宋朝传来的"异风"。这种观念一直延续到近代。到了现代，以伊东忠太等为代表的建筑师，在论及唐样和和样时，已经摒弃了仅限于建筑构筑物的框架，而是将其作为指代建筑整体风格的术语使用。

近代以来，对于日本庭园和样和唐样的讨论，可以说是基于现代建筑学的划分，落实在宗派、用途和形态上。这样讨论的源头可以追溯到宋元禅僧的影响以及禅宗文化的普及。

从传承的角度来说，不论《作庭记》流、仁和寺流、四条流还是嵯峨流，都是以特定的造园人以及造园集团为依托，即不同的寺院和师承关系等。由于《作庭记》出现在平安时代的中晚期，也就是藤原文化鼎盛的时期，因此，《作庭记》流有着日本平安时代贵族文化的特征，偏向于女性化、保守的构建特征，地势的起伏或池塘的轮廓也简单且缺乏变化。仁和寺流的说法源自保存《山水并野形图》的仁和寺，该书所列庭师大部分为仁和寺僧人，仁和寺石立僧也是最早有记录的石立僧。仁和寺流有时也被称为四条流，说法源自西芳寺面向的道路正好位于京都四条通街道。嵯峨流的说法源自天龙寺，因其位于京都洛北的嵯峨地区，也因天龙寺的龙门泷石组采用了此前不常见的中国山水画中的北宗流派布局，因此将这种独特的立石做法称为"嵯峨流"。中国北宗山水画自镰仓初期传入日本以来，作为禅宗文化的一部分，对日本造园有很大的影响。由

---

[1] 光井涉「和様・唐様・天竺様の語義について」『建築史学』第46卷、2006年、2～20页。

此可见，日本庭园中所说的《作庭记》流、仁和寺流、四条流也概括为"和式"，嵯峨流则被认为是"唐式"。由于喜多村信节的《嬉游笑览》中提道："嵯峨流是梦窗国师，四条流是后嵯峨天皇门下的。"也让人们以为造园派系间的区别取决于造园家的身份和职位。因此，根据这种分类方法，日本园林学界也有一种声音，将仁和寺流（四条流）视为官僚派，因为它与藤原家族有关，而将嵯峨流视为民间派，因为梦窗疏石是其创始人，是僧侣、武士等民间派的代表。但通过分析可知，这两个派系的特征不仅取决于造园家身份职务所带来的影响，更因其在庭园观念的表达、立石形式的参照，以及与山水画审美需求上的区别，而导致的具体造园手法、表现形式等方面的巨大差异。

由于《作庭记》有详细记载，所以和样的庭园特征容易把握。作为日本最早以及最重要的造园书，几代日本园林史家都孜孜不倦地对其各方面进行深入研究。同时，《作庭记》时代大量写实的叙事性日本绘卷可提供文本之外视觉方面的验证与补充。

但关于唐样的研究却始终难以完善。一方面，由于中世日本时局动荡，庭园遗址乃至图像资料都很少有留存；另一方面，此时中日两国的文化交流对日本庭园样式的形成有着至关重要的作用，其复杂程度也让人却步。但唐样形成了后世日本立石的主要特征，出现了中世晚期很多新文化、新趣味的趋向，对其进行进一步的概念梳理和分析，才能真正把握日本庭园的核心特征。

唐样立石的研究可以从几组概念的梳理和比较展开，包括龙门瀑、枯泷、石立僧、心形池等。从《山水并野形图》中的插图，也可看到早期唐样石组的样式特征。除去该书书写体例混乱，语言表达不清等问题，它在主体部分对日本庭园营造观念、手法以及技巧的讨论，是镰仓到室町庭园研究的重要依据，不能不将其重新定位进行研究。

另一个有关唐样研究的参考来自对中国山水画影响的研究。园林学界对中世日本庭园受到中国山水画影响有深刻的共识，他们认为，山水画式所表现的深远、高远的石结构的出现改变了自平安时代以来庭园的特征，成为日本庭园史上重要的转折点。自此，日本庭园从平缓而平面的布石转向垂直方向布石，表现瀑布的立石结构为垂直方向布石的一大特色。

以北宗山水画为范本的唐样庭石所强调的险峻感，比如组合三块石头时，不能简单地将三块相同高度的石头排列在一起，而是应该在中间放置最高的石头，在两侧放置较低的石头。在保持基本的形状后，沿着倾斜面逐渐构建更高、更深的结构。典型案例就是天龙寺的龙门瀑石组，它成为所谓的嵯峨流庭石的楷模（图1）。相反，和样的构造中，在组合三块庭石时，不会产生高低差，而是采取平面化的布局。因此三块以上的庭石组成，也不会形成立体结构或深度，没有任何一块石头会支配或压制其他石头的周围石组。典型案例就是西芳寺池泉中的小岛（图2）。通过这样的对比可知，天龙寺泷石组是以石组结构组合方式将山水画立体表现的唐样，而西芳寺则用布石方式表现大和绘画的和样。

森蕴曾写道，在传统的日本庭园史观中，特别是室町时代，以禅宗寺庙为代表的立石庭园，是受到中国宋代水墨画的启发和影响而形成的。他也写到，中国艺术，特别是宋代传入日本的各种艺术门类，对日本文化产生了巨大的影响。但是，其中是否有某种日本庭园本身内在的原因，使得这一外在诱因能刺激具有强烈态势的立

图1　天龙寺龙门瀑石组

图2　西芳寺泉池石组

石结构的出现呢？这仍是个需要讨论的问题。[1]借鉴较为明确的绘画传播史可知，镰仓时代，北宋山水画中的北宗绘画就传入日本，引起了日本的注意及模仿，但直到一百多年后的室町时代中期，日本人才能真正以北宗山水画为模版创造出具有同样特征的庭石立石结构。大山平四郎认为，室町时代中期天才画师雪舟创建常荣寺庭园大约230年后，日本人才真正完成了唐样石结构的庭园营造（图3）。[2]

三、文献派和样式派之争辩

在关于唐样与和样的形式确立以及样式定性的过程中，可以见到日本庭园史研究中出现的两种不同派别，分别是20世纪初庭园研究领域出现的"样式派"，以及与之相对的，脱胎于经典历史学的"文献派"。

文献派强调研究应以文本文献为基础，通过对文献材料的发掘和解读进行庭园研究，这是早期日本庭园史研究的主流派别。文献派认为只有文献中记载的内容才是真实的。该方法的优点很明显，具有正统历史学研究的严谨性和逻辑性，但它之于庭园研究的缺点也很明显：庭园依赖场所属性，有着具体形态以及样式特征，而文献派要求"文献至上"，这就导致研究脱离了庭园本身，成为一门与庭园本身分离的研究。

样式派则与文献派有明显方法论上的不同，"样式"一词源自形式分析法，是20世纪艺术研究领域的主要方法之一，也曾一度成为艺术史分析的主流。样式派认为，庭园研究必须考察庭园，测

---

[1] 森蕴『中世庭園文化史』（奈良国立文化財研究所学報6）、1959年。
[2] 大山平四郎『日本庭園史新論』、平凡社、1987年、15页。

图3 常荣寺石组

绘现场，并将庭园与当时的生活方式变迁联系在一起，提取每个时代庭园形式的特征，从理论上加以解释和总结。具体分析对象包括池泉的轮廓和面积，中岛的形状和大小，以及山的形状、高度和大小等等，还包括建筑物与池泉或瀑布位置关系等。总体来说，样式派借助形式分析获得的数据弥补了历史文献资料的不足，它所尝试建立的理论框架和假设，能尽可能地填补庭园史的空白。

样式派与文献派主要的矛盾是，即使存在着权威的文献，样式派也不能接受与样式理论体系或样式理论不符的文献内容。以梦窗疏石造园为例，文献派从现存的梦窗疏石及其徒弟们的文章中获得证据，主张梦窗疏石同时创作了天龙寺和西芳寺这两处造型迥异的石组构成。样式派则从形式突变的可能性角度提出相反意见，他们认为，北宗画系的天龙寺庭石不会突然"无中生有"，这里必然存在外来或其他的影响因素，需要对天龙寺唐样龙门瀑的突然形成作出进一步解释。

对日本庭园中截然不同的石组风格进行的讨论始终贯穿着园林学界。由于论证依据、研究方法以及研究手段的差异，日本园林研究也一直有不同的派别各执己见。但近年来，不同派别的说法已在学科融合以及学术方法整合的趋势下不再泾渭分明，而是互相借鉴和学习。通过对文献派和样式派研究成果和方法的整理总结，研究者可以发现更多有关日本中世庭园的历史线索。

四、"和样"西芳寺石组和"唐样"天龙寺石组

西芳寺的枯泷石组（图4）与天龙寺、金阁寺的龙门泷石组（图5）被认为是日本立石的三大杰作。如果依照前文所述和样与唐样之视觉表现特征，此三组泷石组亦可对应不同的样式。西芳寺

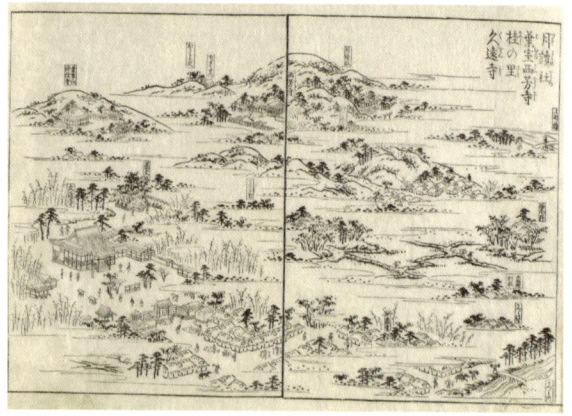

图4　西芳寺向上关与西芳寺

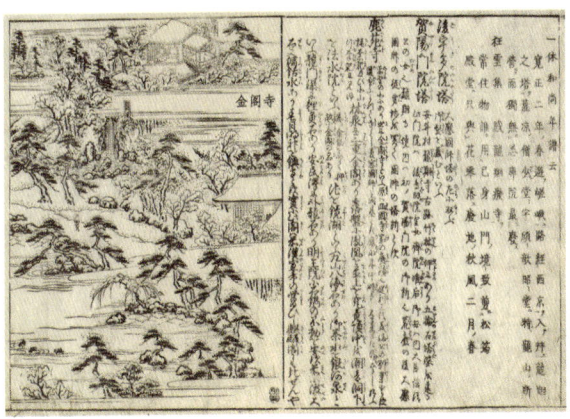

图5　金阁寺龙门瀑与金阁寺

庭园上部的洪隐山泷石组属于和样，天龙寺和金阁寺的龙门泷石组则属于唐样。[1]但这样的分法仅依据石组当下所存现状，这其中必然有因历史更迭而有所变化的情况。但通过研究有关历史文献和考古测绘报告则会发现，基于庭园视觉特征的分法具有一定的论证真实性，这也是样式派研究者们的一贯主张。因此，本章在同时借鉴文献派和样式派的方法和已有成果的基础上，通过对西芳寺和天龙寺庭园的系统再整理，发现并总结和样、唐样石组的具体表现特征、历史发展演变过程以及它们之间的相关性。

1. 和样到唐样转变中的西芳寺

西芳寺坐落于京都松尾山麓沿西芳寺川的地区，现占地从北面松尾山麓到南面西芳寺川，南北方向长约150米，东西宽约130米。它是圣武天皇在天平年间（729—749）创建的49座佛寺之一。后来成为平城天皇的儿子真如亲王的居所。但在真如亲王去世后的500年间一直处于荒废状态。在此期间，中原师元[2]邀请法然上人，在佛殿内安放阿弥陀佛像，并将佛殿命名为"西来堂"。堂前原本就有一棵大樱花树，春天花朵盛开，被称为"洛阳的奇景"。元朝渡日禅僧无学祖元曾为此创作了一首有关樱花的偈语："满树高低斑斓红，飘飘两袖是春风。现成一段西来意，一片西飞一片东。"这也成为后来西芳寺营建的指导思想。在梦窗疏石新修西芳寺之前，它的境内东半部被称为西方寺，而西半部以及山坡上部被称为秽土寺。秽土寺的名称来源极大可能与境内有43座古坟有关。

历应二年（1339）四月藤原亲秀（？—1341）重建西芳寺，邀

---

[1] 堤久雄「苔寺に見る布置構成と自然美」『造園雑誌』第27巻第3-4号、1964年、28～34页。
[2] 中原师元（1109—1175），平安时代后期的贵族，大外记中原师远的第三子，安乐坊遵西的祖父。官位为正四位上、大外记兼明经博士。

请梦窗疏石担任住持。梦窗疏石对西芳寺的建筑改建参照了无学祖元的偈语，在堂的南侧新建了一座楼阁，在上面安放了舍利塔，称之为"无缝塔"，下面楼阁被称为"琉璃殿"。在南北两侧又建立了两座亭子，南边为"湘南亭"，北边为"潭北亭"。此外，在山的顶端建有"缩远亭"，通往山上的门称为"向上关"，在曲折的登山路中设有一处小庵，名为"指东庵"。由于寺庙位于山谷地带，山雾朦胧，湿度略高于周边地区，因此寺庭中苔藓茂盛，而被称为苔寺。梦窗疏石的西芳寺营造对当时"京城乡士、大夫骚人、墨客、自四方来游者"产生了深远影响。据《梦窗国师语录》记载："因此壮观始向师道者，往往有之。"世人为梦窗疏石所塑造的精美庭园景致所吸引，也对梦窗疏石对自然的把握产生直观感受，受此引导进入禅宗之道。

现在的西芳寺庭园分为上下两个部分，下部庭园包括南侧平地池泉的回游式庭园。回游庭园中心的黄金池中浮有三个中岛，最初在这些中岛和池周围营造有白砂青松的景观，现在这里生长着杉、桧等常绿针叶树，林床被苔藓所覆盖。上部庭园则指利用山裾斜面的指东庵周围山地的庭园，即以石庭为中心的洪隐山石组部分。下部庭园和上部庭园的边界有表示禅修第一关门的"向上关"，向上关之后是被称为"通宵路"的陡峭石阶，共计99折。石阶尽头是指东庵，庵旁设有枯山水洪隐山石组。洪隐山石组大致分为上、中、下三层。在指东庵的后山上便是缩远亭。

西芳寺庭园因自然灾害和战争破坏经历了数次变迁，境域也有所缩减。如果对比江户时代的《都名所图绘》，就会注意到当时情况与现状的不同。如今的西芳寺庭园，包括湘南亭在内的建筑均为后世所建。但据考证，上部庭园的地形布局和洪隐山石组与梦窗疏石造园初期几乎无异。

关于西芳寺洪隐山枯泷石组以及下部池泉的营造者身份,学界众说纷纭。文献派坚定地认为是梦窗疏石所作,部分样式派学者则认为这是宋朝禅僧之手笔。还有一种观念认为这是江户时代以来的无名作庭师假托梦窗疏石之名所作。梅泽笃之介在《关于西芳寺枯山水庭园的作者及其创作年代》中提到,西芳寺的石组虽被认为是梦窗疏石所作,是大德寺塔头大仙院庭园、龙安寺庭园等枯山水庭园中枯泷石组的发源(图6—7)。但他通过视觉分析、文献查阅以及实物调查认为,西芳寺洪隐山枯泷石组的立石初创于江户时代,而非室町时代由梦窗疏石所作。而后,堤久雄在《西芳寺洪隐山石庭的主题和形成时期》一文中对梅泽的观点表示反对,他认为不论从最可靠的材料《梦窗国师年谱》,还是从视觉的角度分析,洪隐山石组的作者必然还是梦窗疏石。大山平四郎在《日本庭园史新论》中则认为,洪隐山石组应该是在不同年代被不断营造的。第一阶段应该是在平安时期,由秽土寺古墓改造而来;第二阶段的营建应是在镰仓时期,极有可能受到兰溪道隆影响。

文献派引用了《西芳寺池庭缘起》《梦窗国师年谱》和《梦窗国师塔铭序》等文献,认为西芳寺的庭园是由梦窗疏石所作。首先是《梦窗国师年谱》,该书作于梦窗疏石去世三年后(1354),是他的徒弟、侄子春屋妙葩编纂的一份记录他行迹的文献。在《年谱》中,梦窗入寺年份的条目写道:"历应二年(1339),夏四月革西方教院作禅院。此寺圣武天皇天平年中有释行基者……堂阁僧舍之间廊庑环行,随其地宜缭绕回复,皆备禅观行乐之趣。开清池导伏流,水出岩罅,潺潺如洗玉,可喜也。白沙之洲,怪松之屿,嘉树奇岩间错林立。船泛涟漪馆影水中。天下绝景,似非人力所能

图6 大仙院庭园

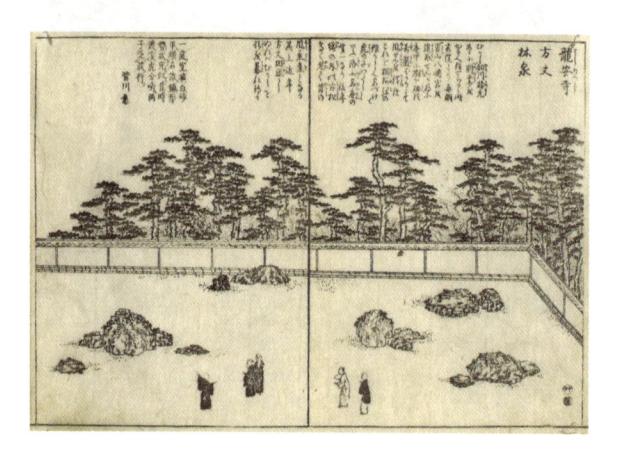

图7 龙安寺庭园与龙安寺方丈林泉

也。"[1]根据这份文献，文献派认为，梦窗入寺当年就进行了庭园的改造工程，包括开辟池塘。《年谱》提到的历应二年（1339）四月是他入寺的年月。据此推测，梦窗入寺就"开清池导伏流"，更有"嘉树奇岩间错林立"。

但文献派代表森蕴也接受了在梦窗疏石入主西芳寺之前，这里已存在庭园之说。他写道："在历应二年左右，梦窗疏石试图将《碧岩》中的禅学理想境界实现，并将建筑庭园安排在早已存在的池泉周围。"

样式派主张仅凭现存的古文献无法了解当时的真相。因此，唯一可靠的研究方法是将庭园本身作为研究对象，即西芳寺的池泉究竟是在何时挖掘出来的。样式派的论点建立在池泉与立石同时形成的前提下。样式派引用了住持中韦急溪于应永七年（1400）编纂而成的《西芳寺池庭缘起》中的说法："历应年间（1338—1342），尊氏将军封定谷堂七个寺庙之疆，于此池之东建一堂宇。并安置尊地藏于其中，堂之西为西芳寺领，东为最福寺领，并下发御教书。"[2]由此认为，梦窗入寺之前，足利尊氏已在池的东侧建造了一座堂宇，并将其西侧定为西芳寺的境内，因此池泉在梦窗入寺之前已经存在。

从样式风格的角度，样式派用中心池塘的轮廓来否定梦窗西芳寺作庭说。他们认为，日本庭园池泉的轮廓从平安时代到镰仓时代初期一直以圆形为主（图8）；到了南北朝时期，它变为特殊形状的"瓢箪形"（图9）；室町时代初期变为"龙池形"（图10）。因此，如果西芳寺池泉是由梦窗疏石首次挖掘的话，那么形状自然应

---

[1] 春屋妙葩编『夢窓國師年譜』抄本影印本、1681年。
[2] 东京大学史料编纂所编『大日本史料第6编之5：西芳寺池庭缘起』、影印本。

天龙寺庭园地形实测图

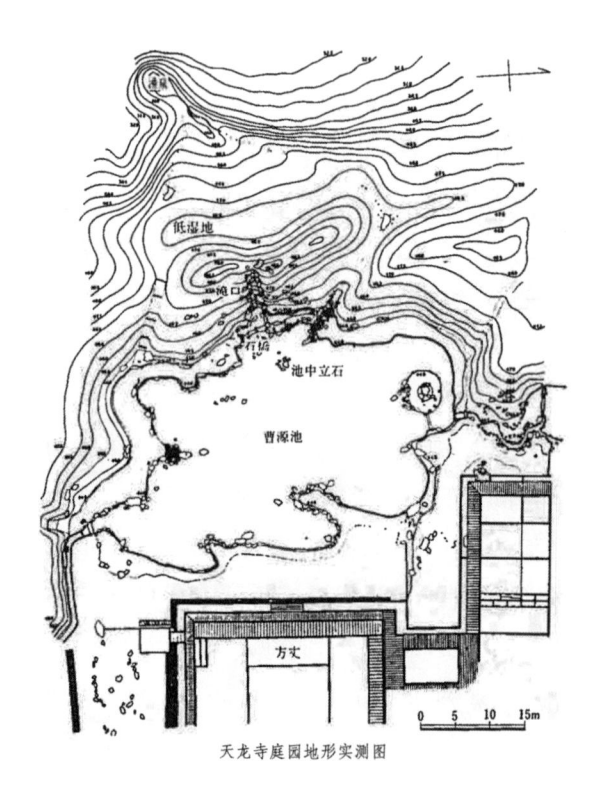

图 8　圆形池水

西芳寺庭园实测图

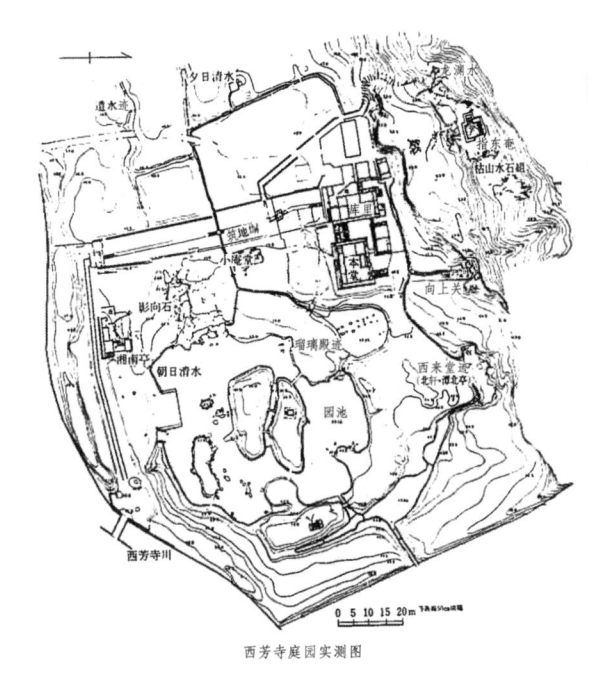

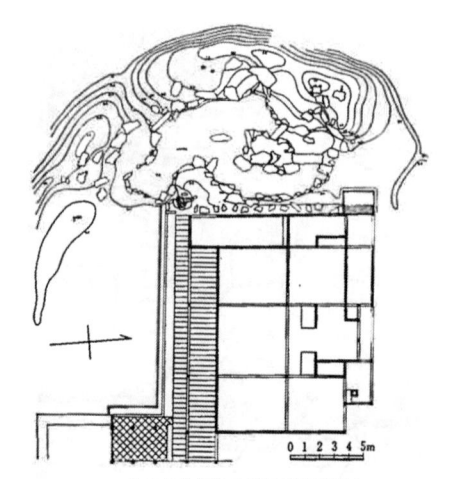

妙心寺退藏院庭园地形实测图

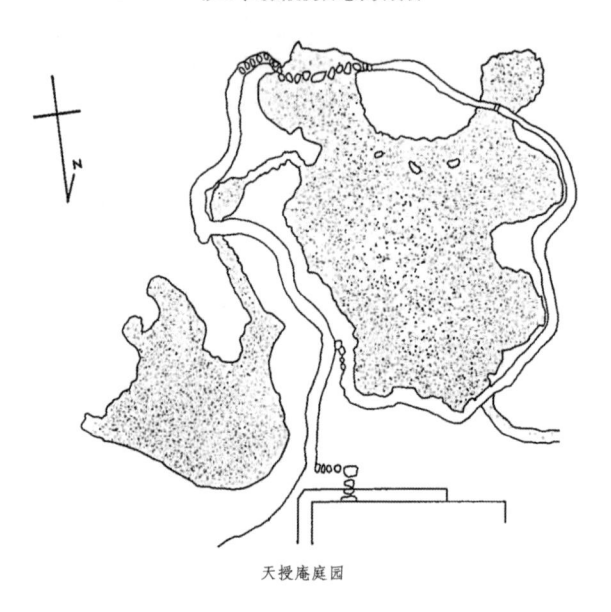

天授庵庭园

图 9 瓢箪形池水

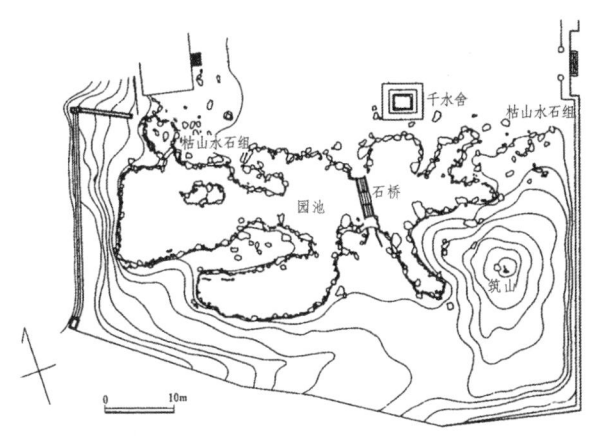

北畠国司馆迹庭园实测图

图10 龙形池水

该是"瓢箪形"。因而，根据西芳寺的池泉轮廓具有大和绘的圆形来判断，这是镰仓中期之前的作品，也就是梦窗疏石入寺之前的风格。植物方面，样式派认为文献派所列举的文献恰巧证明了梦窗疏石在营造庭园前，这里已经是"花树繁茂"了。梦窗疏石所做的可能就是以他自己的品位作进一步的改造。

样式派还认为，虽梦窗疏石作为西芳寺的重建者而闻名，但上部庭园中的洪隐山石组形成时间则远远早于他改造的年代。洪隐山枯泷石组同时具有和式和唐式立石的特征：石组依照上部庭园倾斜的地形，分为上中下三段阶梯形的结构。每个结构都没有使用特别高或陡峭的庭石，而只使用了四方形的庭石（图11），没有高低差。尤其在中段和下段的庭石以平面立置方式排列，平铺开排列成一行。但最上段石组则经过一定程度的堆叠，呈现出立体结构。

大山平四郎提出："四方形可能是和样的基本形态，而唐样石组的基本形态是三角形。"洪隐山石组的本体以及它的下部二层石组都具有明显的和样特征，立石结构的石头呈四方形，整体结构也是四方形。然而，当将洪隐山石组的三层立石作为整体进行综合观察时，泷石组的宽度从第一级到第二级，再到第三级则逐级递减，整体结构呈现出三角形。而且，随着阶梯的上升，石头高度也递增。视觉上呈现出立体感，这正是前面所描述的唐样造型的特征。

泷石组下段最宽，中段变得狭窄，几乎只有一半，而上段则更加狭窄。这种逐渐缩小视野的一点透视的配置，正是样式派所认为的唐样石组的特点，它呼应了宋代郭熙"三远法"中的"高远"法。"和样"通常以高视点平展俯瞰。大山平认为，这就是受兰溪道隆带来的中国山水画影响的结果（图12）。

将庭园分为上下池泉区或者类似山上枯泷区的结构在《作庭

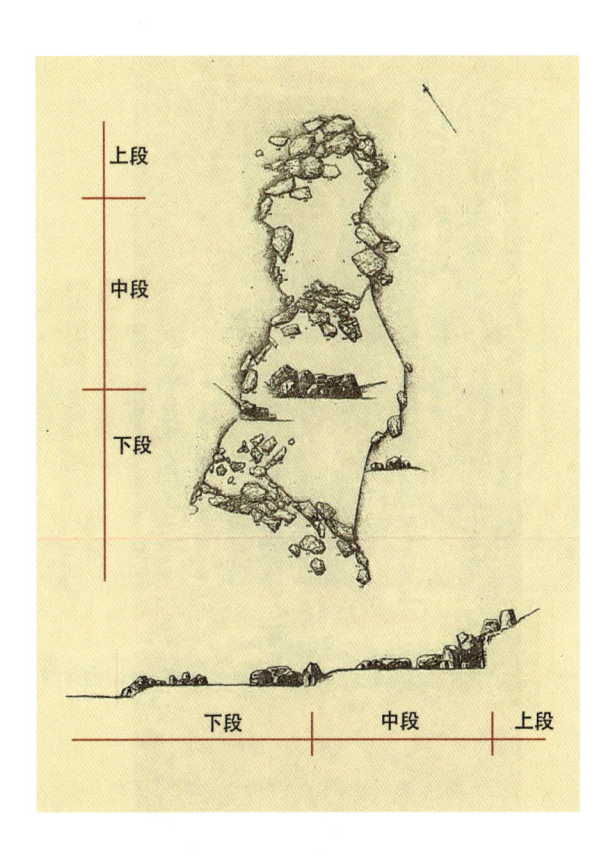

图11　西芳寺庭园上部泷石组立面

图12 《溪山行旅图》

记》中并没有提及。而且，从平安时代到镰仓时代早期，日本也没有庭园采用上下两层式的布局。西芳寺可以被看作是首次尝试上下两层地势布局的庭园。西芳寺在首次挖掘泉池时，布置的庭石数量极少，属于和式布局的石组。至镰仓晚期出现了唐样最基本的特征：大量使用庭石。西芳寺不断被重新改建，一直到洪隐山枯泷石组时，有多达90块的庭石，西芳寺也就成了和样结合唐样的最早案例。

洪隐山泷石组的石头多是产自附近地区古老岩层的角岩。若顺着西芳寺川从西芳寺往上游走一段，会看到山逐渐变得险峻，形成峡谷和河流。河床和河岸上暴露出来的石块，沿河路上的崖崩落石，都是相同类型的岩石。这些石材被称为角岩，是因为它们形状酷似牛的角。角岩质地坚密，不易被风化侵蚀。在西芳寺中，大部分庭石都是角岩这样的大型山石，很少能看到被水流冲磨的河石。[1]

2. 龙门泷石组缘起之天龙寺

天龙寺最初被称为"历应寺"，因为它于历应二年（1339）建立。但由于与日本"历应"年号有重合，因此改名为"天龙寺"。关于天龙寺的建立，据《梦窗国师年谱》记录，历应二年六月二十四日，梦窗疏石于临川寺三会院对门徒说道："昨夜，我梦见了模样是僧形的后醍醐天皇坐在凤轿上，进入了龟山离宫。"这一梦境启发了梦窗晚年的重要行动——创建天龙寺。当时他已经65岁。寺庙的建造规模宏大，完工还需要数年时间，甚至还出动了历史上

---

[1] 河原由纪・宫内泰之「夢窓疎石に関わる庭園の空間構成に関する一考察：瑞泉寺庭園と西芳寺庭園を事例として」『日本庭学会誌』2007卷第18号、2007年、111~116页。

著名的天龙寺贸易船等资源。[1]

历应二年（1339）八月十六日，后醍醐天皇在吉野去世，为祈求天皇灵安，梦窗疏石提出修建天龙寺的请求，得到足利尊氏的支持，于是开始创建天龙寺。当时的光严上皇赐予梦窗疏石院宜之位，并于历应三年四月正式兴建寺庙。同年七月十三日足利直义亲自监督工程，直到康永二年（1343）完成天龙寺秋实殿。

对于梦窗疏石来说，创建天龙寺是为了实现一系列心愿。首先是为了安抚后醍醐天皇之灵魂。其次，这一行动代表了日本中世南北朝分治的和解。最重要的是，这一举措实现了梦窗疏石重新编组镰仓以及京都五山禅宗的愿望。[2]因此，从梦窗的言辞中可以感受到他对创建天龙寺的热情。天龙寺内的庭园由此也被认为是由梦窗疏石全权负责设计和施工的。在公武权力的直接支持和木工寮系官工的技术指导下，梦窗在寺院建设中不仅统筹修造现场和技术指导，还负责修造管理、伽蓝配置及其佛教意义阐释等方面工作。[3]

天龙寺落成法会的次年，即康永四年二月，梦窗疏石确立了天龙寺"龟山十境"，并为每一个境地写了诗句。所谓十境，是根据中国禅宗僧侣"修行有十个阶段"的教义，在寺院周围选定了十处滋养心灵的景观。

然而，重森三玲等一批样式派园林学者却对梦窗疏石建立天龙寺庭园保持怀疑的态度。他们认为，天龙寺原先是嵯峨野的龟山离宫之地，梦窗疏石只是在原有的基础上进行了清理和补充，写下了十境诗，增加建造了龙门瀑、龟顶塔等景观。该庭园的本体基本上

---

[1] 川瀬一馬『夢窓国師：禅と庭園』、講談社、1968年。
[2] 中村蘇人『夢窓疎石の庭と人生』、創土社、2007年。
[3] 野村俊一「五山叢林における夢窓疎石の修造知識」『建築史学』第43卷、2004年、2~33頁。

仍然是龟山离宫时代的原貌。[1]他们同时提出，虽然梦窗疏石被认为是当时的庭园设计师，但很多庭园仅仅是挂名之作。中村苏人认为：日本禅宗寺院开始在庭园中建造龙门泷石组结构是因为"兰溪道隆在建长寺方丈庭园建造了龙门泷石组结构"。[2]然而，建长寺全焚毁后，其庭园的原始设计图丢失，无法进行复原，因此立石结构的实际情况完全不明。据说甲府的东光寺方丈庭园中的立石也是由兰溪道隆所作，具有龙门泷石组结构。而后，各地寺院中的龙门泷石组结构依靠传承，以及各自的想象，出现了各种形式。

川濑一马认为天龙寺庭园在池塘部分保留了龟山殿的旧苑原貌，但龙门瀑布部分则是梦窗疏石首创。理由如下：首先，天龙寺背靠着龟山，面向大堰川，是适合营造皇室别业的优越地段，原有的庭园利用了龟山殿和岚山作为背景，从庭园中央到右侧使用了立石构造。这是其基础。但龙门主题的立石结构在龟山殿相关的文书文献中并无记载，而直到梦窗疏石年代才有如此规模叠石的可能。

龙门瀑布无疑源于宋元中国，是中国著名的风景名胜，在山西省河津市西北12千米的黄河峡谷中的龙门，今称禹门口。巨大的岩石分为三个阶段，因此被称为三级岩。水也从三级岩石急流而下，而成为难以渡涉之地。传说三月三日这天，有千百尾鲤鱼在此处汇聚，如果有一条能够成功攀登上这个险要之地，那么这条鲤鱼将会化龙升天。鲤鱼"登龙门"之说即源于此处（图13）。

从立面形态来看，天龙寺的龙门泷石组具有明显的三层结构，第二层与最高层之间有一鲤鱼石，呈昂首跳跃之姿，形象如同攀登上下层大瀑布后，变成了半龙半鱼的形象，正要飞跃到上层瀑布

---
[1] 重森三玲『日本庭園史図鑑 第2巻上：鎌倉吉野朝時代上』、有光社、1938年。
[2] 中村蘇人『夢窓疎石の庭と人生』、創土社、2007年。

图 13 《花与动物·泷中的鲤鱼》

（图14）。正如之前所述，天龙寺尽管因与年号冲突而改"历应"为"天龙"，但"天龙"之名很可能与龙门泷石组的立石结构有关。

现存龙门瀑为枯泷，但关于该泷石组是一开始有水，还是一直都是枯泷的问题学界争论不休，中村苏人认为，龙门瀑最开始是有水之泷，但由于水位关系，无法获得足够的水源，所以才变成了枯泷。13世纪中叶，在建造龟山离宫时，附近涌出的泉水汇集成曹源池。数十年后，泉水开始枯竭，于是人们开始从上游的大堰川（保津川）汲水，以填满大池（图15）。梦窗疏石建造天龙寺时，也由于水位关系，无法将取水口设置在西岸，只能选择了北岸。为了将龟山的景色与曹源池联系在一起，建造了枯泷。梦窗疏石有偈语称："涓滴无存涧瀑流，一再风前明月夜。"其中的"涓滴无存"一词让此处究竟一开始是有水流经还是枯泷立石而显得更为模糊。

3. 龙门瀑与唐样之说

文献派认为，天龙寺龙门瀑布也是由梦窗疏石在建造西芳寺前后一起建造的，他们引用了《园太历》中的一段记载，康永三年（1344）九月十六日光严上皇的行幸参观，藤原公贤在日记中写道："之后前来庭园，观赏水石风流之景。"从这处文字中，文献派推测光严上皇所参观的庭园可能是由梦窗疏石所创建的。

样式派反对梦窗疏石作西芳寺庭园的说法，同样也反对天龙寺是梦窗所作之说。样式派的理由首先在于，天龙寺庭园的池塘形状是镰仓中期之前的圆形样式，而不是梦窗疏石所处的室町时代的瓢箪形。其次，争论的核心仍然是在天龙寺龙门泷石组的样式上，样式派认为这是镰仓初期传入的"唐样"。

日本中世庭园营造中国特有题材的龙门瀑布题材时，采用了中国山水画北宗的构图，在理论上是合理的。北画立石结构庄严冷

图 14　天龙寺鲤鱼石

图15 保津川

峻，与日本传统和样的立石有较大差异。因此，以重森三玲为代表的样式派认为，除非是中国来人所作，否则难以理解它是如何在日本自然形成的，从而进一步提出兰溪道隆构建了天龙寺龙门瀑布的观点。这一主张自20世纪以来一直是样式派理论体系的一个重要支点。然而，关于兰溪道隆造园的文献记录并不存在，作为一种基于样式的推测，他们有以下四点论据：首先，龙门瀑原是中国的自然地貌，将庭园中龙门瀑的作者定位为中国人理所当然。其次，龙门瀑的立石规模超出了日本传统造园的范围，立石结构的庄严和严谨并非日本式。第三，兰溪道隆不仅受到上皇的崇敬，而且在日本绘画方面也有重要影响，他不仅有绘画的能力，还有很大的可能性参与作庭。第四，兰溪道隆到京都之时，受邀成为后嵯峨天皇的座上宾，也有可能参加了同时期后嵯峨天皇仙宫御殿的兴建工程。所有这些条件都与兰溪道隆作庭说非常契合。

《元亨释书》卷六中提道：兰溪道隆在建长寺居住了13年后，搬迁至京都建仁寺，后嵯峨上皇听闻了道隆的名声，邀请到宫中，请求法化。道隆奏一偈以示顺从。[1]兰溪道隆最初本是受到北条将军家邀请而在镰仓授法，之所以来到京都担任建仁寺住持是由于北条将军的推荐，受天皇邀请，应敕请而来。他在建仁寺担任住持期间，应上皇的召见，约在康元元年（1256）在龟山仙宫向后嵯峨天皇授予了禅门菩萨戒，也很可能是在文永元年（1264）前往嵯峨仙宫，进行了禅宗问答，获得了后嵯峨上皇的赞誉。根据文献记录，从镰仓时代中期到末期，龟山殿进行扩建时，唯一被邀请的禅僧就是兰溪道隆，他也极有可能在此时被要求造园。直至弟子义翁接任

---

[1] 引自日本佛教史书万元师蛮《本朝高僧传》，日本元禄十五年（1702）撰。

住持后，兰溪道隆才返回镰仓。

虽然《元亨释书》没有提及兰溪道隆造园之事，但由于京都金阁寺和天龙寺具有相同立石特征，即都有龙门泷石组，因此样式派继续通过对比这两者来进行论证。金阁寺前身是镰仓贵族西园寺公经的宅邸，西园寺宅邸建设之时，刚好是兰溪道隆在京都授道之时。兰溪道隆与西园寺公经的女儿，也就是当时的皇后有着密切往来。样式派更进一步推测，兰溪道隆参与了西园寺公经庭园的龙门瀑立石结构营造。

从中国北宗山水画在日本的引进与传播发展角度来看，将唐样石组创作时间定于镰仓中期也有一定的说服力，北宗山水画正是在镰仓中期真正传入日本，受到从将军到皇家贵族的推崇。金泽弘在《日本的美术》第69号《初期水墨画》中提道："可以说，初期水墨画是从13世纪中期，即兰溪道隆来日时开始的。"因此，他将兰溪道隆来日视为日本模仿北宗山水画创作的开端是合理的，同时也增强了兰溪造园说成立的可能性。此外，金泽弘还提道："另一方面，从画风来看，可以认为兰溪道隆在宋朝风格的清规下带来了宋画的最高境界。这可能是受中国画影响的日本绘画的一般特征。"

如果将天龙寺和金阁寺的龙门泷石组与日本绘画史发展相比较，它们之于日本庭园史，就如同中国宋末元初的画僧牧溪之于日本绘画史——都占据着最高地位。除了牧溪之外，南宋的梁楷、马远、夏圭、玉涧等众多画家的作品在镰仓后期到室町初期也被引入日本，南北朝时期的日本人所能创作的水墨画是无法与前者相提并论的。

据金泽弘统计，在兰溪道隆成为镰仓宗教界领袖之后的140年间，日本的水墨画家只有可翁（1345年去世）、默庵（约1345年去世)、愚溪和铁舟（1366年去世）。也正是因为他们前往中国留学，才能够相对熟练地掌握水墨画的技巧。可翁在中国停留了整整12年，默庵也于镰仓末期入元，最终在中国过世。他们的作品随后被大量逆向引入日本。这些日本传世的禅僧画师都在中国学习过系统的山水画技巧，才得以受到日本国内的认可。之后继续传承这一传统的画家相对较少。直到室町初期，日本本土的山水画得到进一步发展才出现了以东福寺吉山明兆（1352—1431）为首的禅僧画派（图16）。

如果庭园的发展与山水画的发展一致的话，那么在兰溪道隆造园之后的很长一段时间内，唐样石组的发展是停滞不前的，直到室町时代才有了较为蓬勃的发展。从镰仓中期到室町初期，北宗山水画以及唐样庭园立石等所有艺术领域都经历相同的困难阶段。

镰仓时代包括南北朝时期在内的大约200年间，只有6个庭园的遗迹仍然存在，分别是兵主大社（滋贺）、惠林寺（山梨）、南禅院（京都）、天授庵（京都）、建长寺（镰仓）、宗邻寺（山口）。天龙寺作为最早的唐样泷石组结构，其审美成就远高于上述6个庭园。除此之外，专修寺（三重）、知恩院（京都）和等持院（京都）等寺院有着室町时期庭园的部分遗构，但没有完整的立石构造。总体而言，镰仓后期是和样立石结构向唐样立石结构转变的时代，但由于缺乏足够的庭园案例可供分析，这段时期的庭园也被称为日本庭园史上最困难和深刻的转折期。[1]南北朝时期唐样立石仍处于探索试验阶段。从室町中期的常荣寺开始，唐样庭园立石才开始成熟（图17—20）。

---

[1] 大山平四郎『日本庭園史新論』、平凡社、1987年。

图16 《古寺春云图》局部

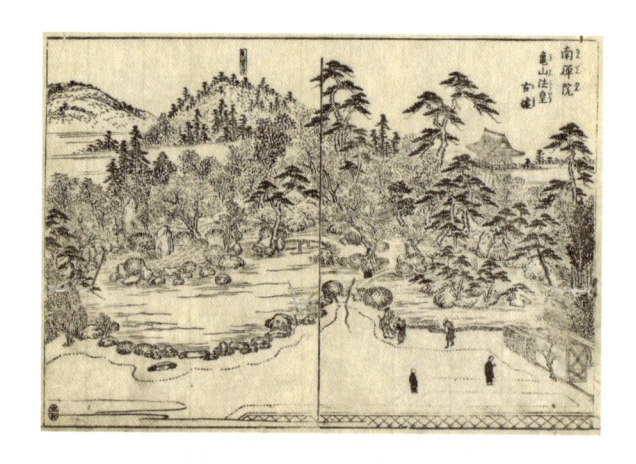

图 17　南禅院

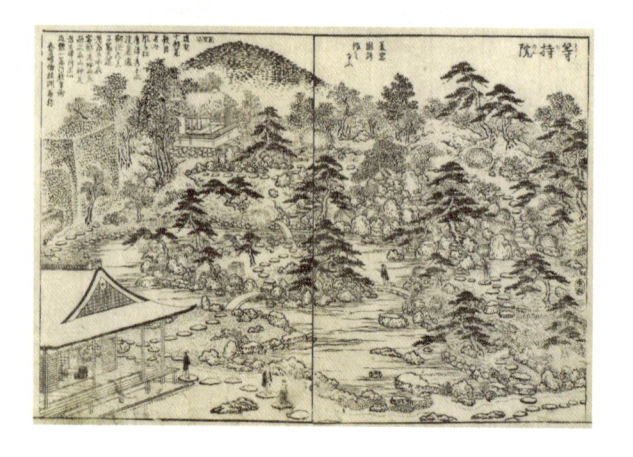

图 18　等持院

图 19　天授庵泉池

图 20　知恩院方丈林泉

198　　　　　　　　　　　　　　　　　　　　　　　　　　　山水并野形图研究

根据上述样式派所总结的庭园史可以想见，在镰仓中期到室町初期的庭园作品中，天龙寺和金阁寺的龙门泷石组不仅仅是唐样立石样式的第一和第二号，而且非常突出、与众不同，受到了外来文化的直接作用。样式派确立造园者以及造园风格的方法在史料大量缺失而考古材料相对丰富的背景下，可能是更切实可行的方法。石组构造和石材本身虽然会在漫长历史中改变原初的面貌和形态，但这种程度的变化相对于建筑和树木也已经小了很多。因此，庭园石组的研究如能结合文献印证，以及样式分析，将更有可能呈现真实和完整的庭园历史。

余 论

当下日本的众多名园都冠以梦窗疏石之名，从西芳寺算起约20座。此外，被传为画家雪舟的庭园作品，在九州和中国地区约有35座。但基本保持原样的庭园大概只有常荣寺。银阁寺、大仙院、龙安寺以及四国的保国寺、大德寺的龙源院、北畠氏馆遗址等，被传为作庭家相阿弥所作，但很大一部分也没有得到完全确认。

庭园立石中的和样与唐样之辨在日本庭园研究领域是一个重要的论题。样式派和文献派的争论源自对史料的理解角度不同，以及把握样式方式的不同，他们争论的核心在于历史文献材料是否足够可靠以证明史实；梦窗疏石是否为作庭者；日本庭园立石结构中的龙门瀑立石与中国龙门瀑传统的关系；日本庭园与中国园林的传承关系等等。这两条不同的路径使得日本庭园研究不论是从考古遗址的挖掘测绘，还是对文献材料的分析与解读上，都具有越来越明确的对象和清晰的路线,为后续研究提供启发。

就日本庭园历史发展本身而言,我们可以看到其对中国文化引进、吸收、转化的过程。反观中国园林营造历史,很早就出现了立石模仿自然、以神话造型进行立石营造的手法,并在宋代达到了一个高峰,如宋徽宗所造艮岳,山石造景模拟各处名胜以及湖山风光,却没有关于龙门瀑布之景的营造记载。龙门瀑布对于日本禅僧来说有何特殊意义?抑或龙门瀑布仅是一个景观的突发模拟场景,因其符合了日本庭园的特征而被吸收,并不断被沿用。龙门瀑传说看似具有深刻的入世想法,但却首先出现在象征出世的日本禅宗寺院中,入世与出世观念在日本龙门瀑上巧妙地融合了,这也是宋元以来中国禅宗文化的精髓。

中国造园观念在日本发生过重要的作用,并因造园群体的不同发展出了不同的营造观念和表现特征。通过对日本庭园文化的研究,也能从他者的角度为我们理解中国园林提供更多有效的路径和方法。

图版目录

引　言 　　　　　　　　　　　　　　　　　　　　　　　　　　　1
　　图1　平泉町毛越寺庭园　转引自重森三玲、重森完途：《日本庭园史大系》，社会思想社，1971—1976年　　　　　　　　　　　　　3
　　图2　《山水并野形图》封皮（版本）　　　　　　　　　　　　4
　　图3　《山水并野形图》内页谱系　　　　　　　　　　　　　　5
　　图4　明　（传）仇英　《五星二十八宿神形图卷》末尾《五岳真形图》　美国纽约大都会艺术博物馆藏　　　　　　　　　　　　　5
　　图5　"真行草"园林图　出自篱岛轩秋里：《筑山庭造传（后编）》，1828年　　　　　　　　　　　　　　　　　　　　　　　　7
　　图6　《钓雪堂庭图卷》局部　转引自森蕴：《日本史小百科·庭园》，近藤出版社，1984年　　　　　　　　　　　　　　　　　　8
　　图7　《诸国茶庭名迹图会》局部　转引自森蕴：《日本史小百科·庭园》　　　　　　　　　　　　　　　　　　　　　　　　　10

第二章　《山水并野形图》研究　　　　　　　　　　　　　　　45
　　图1　《山水并野形图》增圆名字页　　　　　　　　　　　　49
　　图2　《文凤抄》封面　　　　　　　　　　　　　　　　　　64

图3　江户时代（17—18世纪）　住吉具庆　《源氏物语绘卷》局部　日本东京国立博物馆藏　66

图4　1919年　井芹一二　《紫式部日记绘卷》局部　原件镰仓时代（13世纪）　日本东京国立博物馆藏　66

图5　室町时代（15世纪）　如拙　《瓢鲇图》　日本退藏院藏　69

图6　室町时代（15世纪）　（传）周文绘、竺云等连赞　《山水图》　日本东京国立博物馆藏　70

图7　室町时代（15世纪）　雪舟等杨　《四季山水图·夏》　日本东京国立博物馆藏　71

图8　南宋　牧溪　《远浦归帆图》　日本京都国立博物馆藏　76

图9　南宋　玉涧　《庐山图》　日本冈山县立美术馆藏　76

图10　室町时代（16世纪）　兴悦　《山水图》　日本东京国立博物馆藏　77

图11　南宋　（传）夏圭　《山水图》　日本东京国立博物馆藏　78

第三章　日本造园古籍的书写与传承　81

图1　13—14世纪　高阶隆兼等　《（高阳院）驹竞行幸绘卷》局部　日本和泉市久保惣纪念美术馆藏　84

图2　法金刚院泷石组　转引自斋藤忠一著，光永隆绘：《图解日本的庭：从石组看日本庭园史》，东京堂，1999年　89

图3　二阶堂永福寺泷石组　作者自摄　90

图4　藤户石　作者自摄　97

图5　古田织部形灯笼　转引自篱岛轩秋里：《筑山庭造传（后编）》　100

图6　小堀远州　金地院鹤龟之庭　作者自摄　102

图7　小堀远州　二条城二之丸庭　转引自斋藤忠一著，光永隆绘：

《图解日本的庭》 103

图8　小堀远州　大德寺孤篷庵　转引自堀口舍己：《新编茶道全集7·茶室茶庭》，创元社，1951年 104

第四章　宋元渡日僧人的山水庭园营造与中世造园影响　109

图1　日本文永八年（1271）　《兰溪道隆画像》　镰仓市建长寺藏 114

图2　《建长寺伽蓝指图》　转引自大泽仲启：《镰仓·南北朝期间的寺院庭园展开》（奈良文化财研究所学报第96册，研究论集第18卷），2016年 120

图3　建长寺佛殿前的柏树　作者自摄 122

图4　建长寺得月楼后的泉池　作者自摄 123

图5　《建长寺指图》北部　转引自沟口正人：《中世住宅的庭园和建筑》，见《中世庭园的研究：镰仓·室町时代》（奈良文化财研究所学报第96册，研究论集第18卷），2016年 125

图6　《春日权现验记绘卷》庭园部分　转引自小松茂美：《续日本绘卷13·14　春日权现验记绘》，中央公论社，1991年 126

图7　山梨县甲斐的东光寺　转引自斋藤忠一著，光永隆绘：《图解日本的庭：从石组看日本庭园史》，东京堂，1999年 129

图8　镰仓圆觉寺　作者自摄 130

图9　镰仓圆觉寺方丈背面庭　作者自摄 131

第五章　日本中世庭园和样与唐样之辨　157

图1　天龙寺龙门瀑石组　作者自摄 165

图2　西芳寺泉池石组　作者自摄 166

图3　常荣寺石组　转引自重森三玲、重森完途：《日本庭园史大

系》 168

图4　西芳寺向上关与西芳寺　前为作者自摄，后者转引自篱岛轩秋里著，竹原春朝斋绘：《都名所图绘》，1780年 170

图5　金阁寺龙门瀑与金阁寺　前为作者自摄，后者转引自篱岛轩秋里著，竹原春朝斋绘：《都名所图绘》 171

图6　大仙院庭园　转引自斋藤忠一著，光永隆绘：《图解日本的庭：从石组看日本庭园史》 175

图7　龙安寺庭园与龙安寺方丈林泉　前为作者自摄，后者转引自篱岛轩秋里著，竹原春朝斋绘：《都名所图绘》 176

图8　圆形池水　转引自森蕴：《日本史小百科·庭园》 178

图9　瓢箪形池水　转引自森蕴：《日本史小百科·庭园》 180

图10　龙形池水　转引自森蕴：《日本史小百科·庭园》 181

图11　西芳寺庭园上部泷石组立面　转引自重森三玲、重森完途：《日本庭园史大系》 183

图12　北宋　范宽　《溪山行旅图》　台北故宫博物院藏 184

图13　葛饰北斋　《花与动物·泷中的鲤鱼》　转引自栖崎宗重监修《名品齐全浮世绘9：北斋Ⅱ》，行政出版社，1992年 188

图14　天龙寺鲤鱼石　转引自斋藤忠一著，光永隆绘：《图解日本的庭》 190

图15　保津川　作者自摄 191

图16　室町时代（15世纪）　（传）周文　《古寺春云图》局部　日本京都国立博物馆藏 195

图17　南禅院　转引自篱岛轩秋里著，佐久间草偃、西村中和、奥文鸣源贞章绘：《都林泉名所图绘》，1799年 196

图18　等持院　转引自篱岛轩秋里著，佐久间草偃、西村中和、奥文鸣源贞章绘：《都林泉名胜图绘》 196

图19　天授庵泉池　作者自摄　　　　　　　　　　　　　　　　　　　197

图20　知恩院方丈林泉　前为作者自摄，后者转引自篱岛轩秋里著，佐久间草偃、西村中和、奥文鸣源贞章绘：《都林泉名胜图绘》　198

图书在版编目（ＣＩＰ）数据

山水并野形图研究 / 何晓静著. -- 杭州：浙江古籍出版社, 2025.6. --（日本造园古籍丛刊）.
ISBN 978-7-5540-3227-5

Ⅰ.TU986.631.3

中国国家版本馆CIP数据核字第2024WJ4882号

本著作为2024年度中国美术学院基本科研业务费项目成果

山水并野形图研究
日本造园古籍丛刊
何晓静　著

出版发行	浙江古籍出版社
	（杭州市环城北路177号　电话：0571-85068292）
责任编辑	姚　露
责任校对	张顺洁
责任印务	楼浩凯
设计制作	浙江新华图文制作有限公司
印　　刷	浙江海虹彩色印务有限公司
开　　本	850mm×1168mm 1/32
印　　张	7
字　　数	170千字
版　　次	2025年6月第1版
印　　次	2025年6月第1次印刷
书　　号	ISBN 978-7-5540-3227-5
定　　价	78.00元

如发现印装质量问题，影响阅读，请与本社市场营销部联系调换。